高等职业教育工业机器人技术专业系列教材

工业机器人虚拟仿真技术应用（ABB）

主 编 于霜 杨扬
参 编 朱巍峰 章猛华 吕亚男

Application of Virtual Simulation Technology for Industrial Robots (ABB)

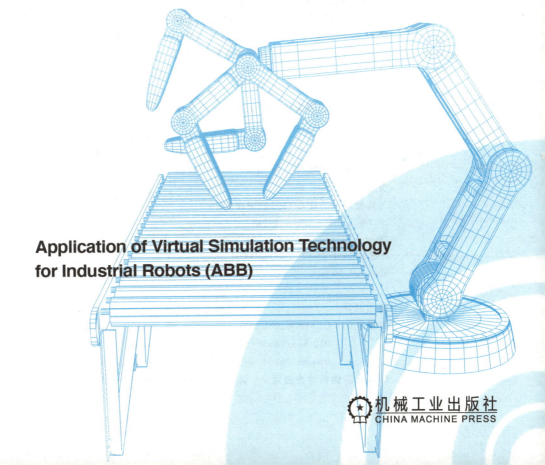

机械工业出版社
CHINA MACHINE PRESS

本书围绕工业机器人典型应用案例设计项目与任务，主要内容包括 RobotStudio 仿真软件基本操作、工业机器人工作站搭建与基本操作、工业机器人绘图工作站虚拟仿真、工业机器人搬运工作站虚拟仿真、工业机器人码垛工作站虚拟仿真，共 5 个项目。

本书可作为高等职业院校工业机器人技术、机电一体化技术和电气自动化技术等机电类专业的教材，也可作为工业机器人虚拟仿真相关岗位工程技术人员的参考资料和培训用书。

本书配有电子课件，凡使用本书作为教材的教师可登录机械工业出版社教育服务网 www.cmpedu.com 注册后免费下载。咨询电话：010-88379375。

图书在版编目（CIP）数据

工业机器人虚拟仿真技术应用：ABB／于霜，杨扬主编. -- 北京：机械工业出版社，2025.2. --（高等职业教育工业机器人技术专业系列教材）. -- ISBN 978-7-111-77489-1

Ⅰ. TP242.2

中国国家版本馆 CIP 数据核字第 20257W8Q28 号

机械工业出版社（北京市百万庄大街 22 号　邮政编码 100037）
策划编辑：薛　礼　　　　　　责任编辑：薛　礼　刘良超
责任校对：樊钟英　张　薇　　封面设计：张　静
责任印制：李　昂
北京捷迅佳彩印刷有限公司印刷
2025 年 2 月第 1 版第 1 次印刷
184mm×260mm・8.5 印张・203 千字
标准书号：ISBN 978-7-111-77489-1
定价：38.00 元

电话服务　　　　　　　　　网络服务
客服电话：010-88361066　　机　工　官　网：www.cmpbook.com
　　　　　010-88379833　　机　工　官　博：weibo.com/cmp1952
　　　　　010-68326294　　金　书　网：www.golden-book.com
封底无防伪标均为盗版　　机工教育服务网：www.cmpedu.com

前 言

党的二十大报告指出："教育、科技、人才是全面建设社会主义现代化国家的基础性、战略性支撑。""统筹职业教育、高等教育、继续教育协同创新，推进职普融通、产教融合、科教融汇，优化职业教育类型定位。"当前，科教兴国战略已经成为国家战略的重要组成部分，职业教育的地位日益重要，高质量的创新型人才培养已经成为实施科教兴国战略的重要举措之一。编写本书旨在贯彻落实国家科教兴国战略，推动工业机器人技术的应用和创新，为我国现代化建设提供有力的人才支撑和技术支持。

工业机器人广泛应用于汽车制造、电子、化工、物流等领域，涵盖了焊接、喷涂、码垛、打磨、检测、装配等工种，成为智能制造装备的重要组成部分。根据国家统计局发布的数据，2021年我国规模以上企业工业机器人产量超过36万套，同比增长44.9%，发展势头非常迅猛。《"十四五"机器人产业发展规划》提出到2035年，我国机器人产业综合实力达到国际领先水平，机器人成为经济发展、人民生活、社会治理的重要组成部分。

随着计算机软硬件技术和图形技术的高速发展，与机器人学理论结合的工业机器人虚拟仿真技术应运而生，进一步促进了工业机器人技术的应用。工业机器人虚拟仿真技术是指通过计算机对实际的机器人系统进行模拟的技术，其可以利用计算机图形学技术，建立起机器人及其工作环境的模型，可以利用机器人语言及相关算法，通过对图形的控制和操作，在离线情况下进行轨迹规划，还可以对实体工业机器人进行实时监控，与其进行通信、交互。

工业机器人虚拟仿真技术可以实现离线编程和动态模拟实际生产过程，有助于优化生产工艺，提高生产效率，缩短产品开发周期，降低成本，还可为设计方案评估提供理想途径。本书利用ABB机器人虚拟仿真软件RobotStudio，介绍了工业机器人工作站的搭建以及绘图、搬运、码垛工作站的离线编程与仿真实现。本书设计了5个项目共20个任务，将工业机器人坐标系创建、运动指令应用等知识融入项目和任务中，有利于读者理解和掌握工业机器人虚拟仿真知识技能的应用。

本书由苏州工业职业技术学院于霜、杨扬、朱巍峰、章猛华、吕亚男编写，编写过程中得到了ABB（中国）有限公司叶晖及有关企业技术人员、院校专家的大力支持，在此一并表示感谢。

由于编者水平有限，书中难免存在错误或不足之处，恳请广大读者提出宝贵意见和建议。

编　者

二维码索引

资源名称	二维码	页码	资源名称	二维码	页码
RobotStudio 软件界面		1	手动操作（1）		18
常用功能介绍		4	手动操作（2）		19
模型放置方法		10	创建绘图笔工具		23
导入和放置工业机器人底座		11	工具数据		27
导入和放置工业机器人		12	创建工件坐标系		28
安装和拆卸工具		14	工件数据		29
创建工业机器人系统		16	坐标系介绍		30
改变机器人颜色		17	工业机器人常用运动指令		31

（续）

资源名称	二维码	页码	资源名称	二维码	页码
工业机器人运动指令参数		31	创建夹爪工具(2)		61
创建方形路径		32	创建 Smart 组件		62
仿真运行		36	夹爪工具自动张合		64
录制视频		37	创建虚拟工具系统		66
生成自动路径		39	创建传感器		68
轴配置参数		44	夹爪工具自动取放工件		71
完善路径和优化参数		45	创建工业机器人 IO 信号		74
创建镜像路径		49	设置工作站逻辑		74
创建夹爪工具(1)		57	工业机器人搬运路径		76

（续）

资源名称	二维码	页码	资源名称	二维码	页码
工件抓取手动示教		77	创建虚拟夹爪工具系统		94
工件放置手动示教		80	添加 Smart 组件和信号(1)		102
创建虚拟装配系统		82	添加 Smart 组件和信号(2)		104
更新工作站逻辑		84	添加 Smart 组件和信号(3)		105
设置虚拟示教器		85	设置属性连结和信号连接		106
创建装配程序		86	仿真运行和验证		107
装配路径示教(1)		88	创建真空吸盘工具数据		108
装配路径示教(2)		90	添加 Smart 组件和信号		109
装配路径示教(3)		91	设计属性和信号连接		112

（续）

资源名称	二维码	页码	资源名称	二维码	页码
创建工业机器人信号和设置工作站逻辑		113	创建吸放工件程序(2)		119
创建抓放真空吸盘工具程序		115	目标点示教		120
创建吸放工件程序(1)		118			

目录 Contents

- 前言
- 二维码索引
- 项目 1　RobotStudio 仿真软件基本操作 / 1

  任务 1　RobotStudio 界面介绍 / 1
  任务 2　常用功能介绍 / 4
  课后练习 / 6

- 项目 2　工业机器人工作站搭建与基本操作 / 7

  任务 1　搭建工业机器人工作站 / 7
  任务 2　创建工业机器人系统与手动操作 / 16
  课后练习 / 20

- 项目 3　工业机器人绘图工作站虚拟仿真 / 22

  任务 1　创建绘图笔工具 / 22
  任务 2　创建工件坐标系 / 28
  任务 3　创建方形路径 / 30
  任务 4　仿真运行与视频录制 / 36
  任务 5　创建圆弧路径 / 39
  任务 6　创建镜像路径 / 49
  课后练习 / 54

- 项目 4　工业机器人搬运工作站虚拟仿真 / 56

  任务 1　创建夹爪工具 / 56
  任务 2　创建动态夹爪工具系统 / 60
  任务 3　创建工业机器人信号和设置工作站逻辑 / 72
  任务 4　创建搬运路径 / 76
  任务 5　工件装配 / 82
  课后练习 / 93

- 项目 5　工业机器人码垛工作站虚拟仿真 / 94

  任务 1　创建虚拟夹爪工具系统 / 94

任务 2　创建虚拟输送带系统 /　100
任务 3　创建虚拟真空吸盘工具系统 /　108
任务 4　创建工业机器人信号和设置工作站逻辑 /　112
任务 5　创建工业机器人程序 /　114
课后练习 /　121

▶ 参考文献 /　**123**

项目1 RobotStudio仿真软件基本操作

计算机软硬件技术和图形技术与机器人学相结合诞生了工业机器人虚拟仿真技术,促进了工业机器人技术的进一步发展。工业机器人虚拟仿真技术已经在多种品牌的机器人产品中得到应用。

本项目主要介绍 ABB 工业机器人 RobotStudio 6.08 仿真软件的操作界面、常用快捷键、恢复默认布局和视图界面等功能。

知识目标

1)熟悉 RobotStudio 软件的操作界面。
2)掌握 RobotStudio 软件的常用功能。

技能目标

熟练使用 RobotStudio 软件的常用功能。

任务 1　RobotStudio 界面介绍

1. 文件功能选项卡

为保证 RobotStudio 6.08 软件的正常安装和使用,需计算机的系统配置需要达到表 1-1 所列的基本要求。

RobotStudio 软件界面

表 1-1　软件安装基本要求

硬件	要求	硬件	要求
CPU	I5 或以上	显卡	独立显卡
内存	8GB 或以上	操作系统	Windows 7 或以上
硬盘	空闲 50GB 以上		

打开安装完成的软件,其中,"文件"功能选项卡提供了保存、保存为、打开、关闭、最近等功能。"新建"包含三种创建工作站方式:空工作站、空工作站解决方案及工作站和机器人控制器解决方案。"空工作站"较为灵活,可以分别保存工作站和工业机器人系统;"空工作站解决方案"的工作站和工业机器人系统需要保存在同一路径下;"工作站和机器人控制器解决方案"不但需要将工作站和工业机器人系统保存在同一路径下,而且需要提前指定机器人的型号及相关参数,约束较多。通常只需选择工作站创建方式,并设定名称、

保存路径等参数("空工作站"方式无须设定参数),即可创建新的工作站,如图1-1所示。

图1-1 "文件"功能选项卡

"共享"中含"打包"和"解包"功能。"打包"是RobotStudio软件生成文件的一种保存方式,便于文件传输;将"打包"文件通过存储媒介或网络传输到另一台计算机后,可以"解包"文件。

"选项"功能包括语言、外观、保存路径、录屏、图形等常规选项的设置,如图1-2所示。

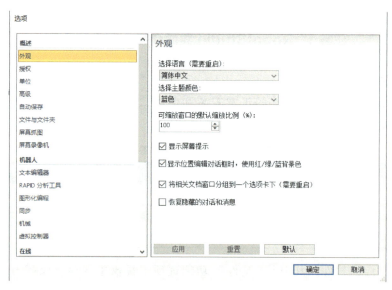

图1-2 "选项"窗口

2. "基本"功能选项卡

"基本"功能选项卡为RobotStudio软件的基本功能界面,包含导入机器人模型、创建机器人系统、创建框架、示教目标点、创建路径等,如图1-3所示。

图 1-3 "基本"功能选项卡

3. "建模"功能选项卡

"建模"功能选项卡包含创建几何模型所需的一系列控件,可以创建机械装置、工具、Smart 组件,带有测量功能,还可以设置模型的物理属性等,如图 1-4 所示。

图 1-4 "建模"功能选项卡

4. "仿真"功能选项卡

"仿真"功能选项卡主要包含与仿真相关的一系列控件,可用于监控、跟踪、信号分析等,还包含多种视频录制功能,如图 1-5 所示。

图 1-5 "仿真"功能选项卡

5. "控制器"功能选项卡

"控制器"功能选项卡主要包含与虚拟控制器相关的一系列工具和功能,还可以与真实控制器进行交互,如图 1-6 所示。

图 1-6 "控制器"功能选项卡

6. "RAPID"功能选项卡

"RAPID"功能选项卡包含一系列创建、编辑和管理 RAPID 程序的工具和功能,既适用于真实控制器中的程序,也可用于虚拟控制器中的程序和单独的程序,如图 1-7 所示。

图 1-7 "RAPID"功能选项卡

7. "Add-Ins"功能选项卡

"Add-Ins"功能选项卡包括社区、RobotWare 和齿轮箱热量预测三部分,可用于下载和安装功能插件、数据包等,如图 1-8 所示。

图 1-8 "Add-Ins" 功能选项卡

8. 界面布局

RobotStudio 软件操作界面由功能选项卡、浏览器窗口和视图窗口组成,如图 1-9 所示。

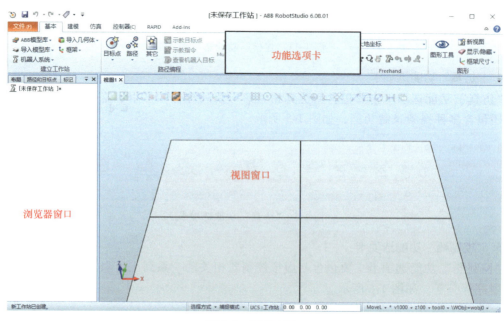

图 1-9 界面布局

任务 2 常用功能介绍

1. 快捷键

在视图窗口中,常需要对工作站和模型进行变换视角、获取细节等操作。为方便操作,RobotStudio 软件提供了许多基本操作快捷键,功能见表 1-2。

常用功能介绍

表 1-2 基本操作快捷键

基本操作	快捷键
平移工作站	Ctrl+鼠标左键
旋转工作站	Ctrl+Shift+鼠标左键
缩放工作站	鼠标滚轮
局部缩放	单击待缩放区域,然后滚动鼠标滚轮

2. 恢复默认布局

在操作中，如果误操作关闭了界面窗口或找不到功能窗口，可单击图 1-10 所示的下拉箭头，弹出菜单选项，在菜单选项中单击"默认布局"，可使操作界面恢复默认的布局状态。

图 1-10　恢复默认布局

3. 视图界面和方向设置

在操作过程中，常需要改变视图窗口的背景颜色，显示/隐藏坐标系、按钮、地面等。可在视图窗口的任意空白处单击鼠标右键，在菜单选项中单击"设置"，选择所需的功能即可，如图 1-11 所示。

在仿真操作中，需要将工业机器人工作站或模型旋转至不同的角度，以方便观察和选择部件，可在视图窗口空白处右键单击，在弹出的菜单中单击"方向"，选择"正面""左视图""底部"等视图即可从不同角度观察模型，如图 1-12 所示。

图 1-11　设置视图界面

图 1-12　设置视图方向

课 后 练 习

1. 新建一个空工作站,名称为"Project1",保存路径为"C：//ABB/Project1"。
2. 自由调整浏览器窗口和视图窗口,然后使用"默认布局"功能将窗口恢复成默认状态。
3. 使用快捷键控制视图窗口的视角,然后使用"方向"功能切换视角。

项目2 工业机器人工作站搭建与基本操作

　　工业机器人工作站是指以一台或多台工业机器人为核心,配以相应的周边设备,如变位机、输送机、工装夹具等,或辅以人工操作,共同完成相对独立的作业或工序的一组设备组合。同样,进行虚拟仿真的主要对象也是工业机器人工作站,搭建工作站则需要导入机器人模型及其外围设备模型,还需要根据实际的应用场景摆放模型。每个模型都是孤立的物理模型,要使工业机器人工作站具有运动的功能,成为能虚拟运行的工作系统,还需进一步建立工业机器人系统。

　　本项目的主要内容包括模型放置方法、工业机器人系统创建方法和工业机器人手动操作方法。

知识目标

1) 了解模型导入的方法。
2) 掌握基本的模型放置方法。
3) 掌握工业机器人系统的创建方法。
4) 掌握工业机器人手动操作方法。

技能目标

1) 能够搭建基本的工业机器人工作站。
2) 能够正确创建工业机器人系统。
3) 掌握 RobotStudio 软件的基本操作方法。

任务1　搭建工业机器人工作站

任务分析

　　RobotStudio 软件本身提供了丰富的工业机器人模型库和周围设备模型库,在创建工业机器人工作站时,既可以直接从软件内部导入已有模型,也可以从外部导入创建好的模型。本任务采用两种方式导入模型,进行合理摆放,并建立基本的工业机器人工作站。

任务实施

1. 工业机器人工作站部件准备

工业机器人工作站由工业机器人实训平台、ABB IRB120 工业机器人、工业机器人底座、夹爪工具和绘图模块组成,各部件如图 2-1～图 2-5 所示。

图 2-1　工业机器人实训平台

图 2-2　ABB IRB120 工业机器人

图 2-3　工业机器人底座

图 2-4　夹爪工具

图 2-5　绘图模块

2. 导入和放置工业机器人实训平台

1) 打开 RobotStudio 软件,创建空工作站,如图 2-6 所示。

图 2-6　创建空工作站

2）导入"实训工作台",如图2-7所示。

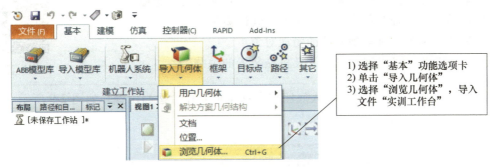

图2-7 从软件外部导入模型

3. 导入和放置工业机器人底座

1）从指定路径下的文件夹中选择文件"机器人底座",如图2-8所示。

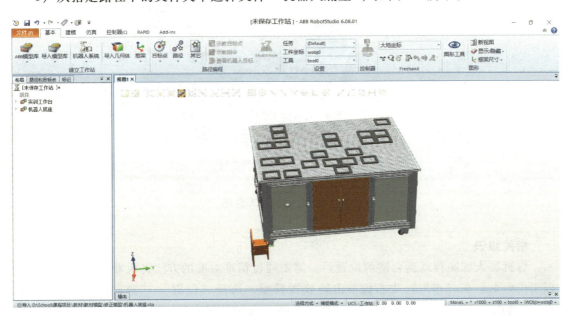

图2-8 导入机器人底座

2）将机器人底座移动/放置到实训工作台。

相关知识

在工业机器人工作站中移动机器人或底座等模型,或将模型放置到指定位置,分手动移动和放置（对准）两种方法。手动移动方法可使用"基本"选项卡里的"Freehand"工具,"放置"方法是通过精确捕捉到模型的特征点,使之对准需要放置的目标点,常用的有"两点法""三点法"等。

Freehand工具栏中有7项移动工具,前4项（移动、旋转、拖拽、手动关节）不需工业机器人系统即可使用,后3项（手动线性、重定位、多机器人手动移动）必须在创建工业机器人系统后使用。

1）移动：在当前的坐标系下，沿 X、Y 或 Z 轴方向任意拖动对象。
2）旋转：使物理对象绕 X、Y 或 Z 轴进行旋转。
3）拖拽：拖拽具有物理属性的物理对象。
4）手动关节：可以移动机器人及机械装置的关节。

模型放置方法

使用"Freehand"工具将机器人底座移动到实训工作台适当位置，如图 2-9 所示。

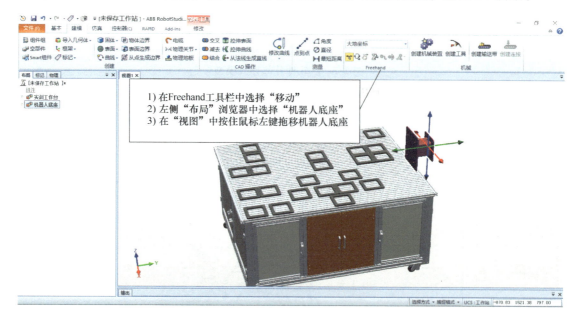

图 2-9 移动机器人底座

相关知识

将机器人底座移动到合适的位置后，需要通过精准对准的方法将机器人底座放置在实训工作台上。在"布局"中右键单击待放置模型，选择"位置"→"放置"，可见"一个点""两点""三点法""框架"和"两个框架"五种放置方法。

"一个点"：将一组对象从一个点移至另一点。此方法需要待对齐的两个面相互平行且不存在扭转错位。

"两点"：根据两个平面间的关系来移动对象。此方法采用两条对应线段来对齐对象，要尽可能保持待对齐的两个面平行，避免出现两个面出现夹角。

"三点法"：根据空间的三点关系来移动对象。此方法采用两个对应的面来对齐对象，适用于所有对象。

"框架"与"两个框架"：先将对象移至选定坐标系，再将两个坐标系重合（不但原点重合，各个坐标轴的方向也重合）。不同的是前者使用自身已有的坐标系，后者使用新创建的坐标系。

3）本任务使用"三点法"精准将机器人底座放置到实训工作台，如图 2-10、图 2-11 所示。

项目2 工业机器人工作站搭建与基本操作

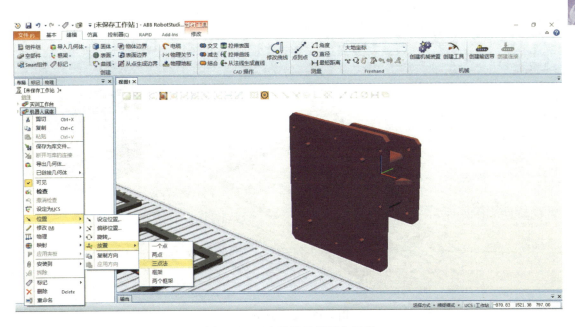

图 2-10 三点法放置机器人底座

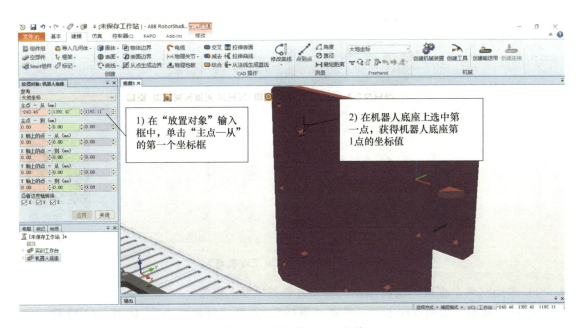

图 2-11 获取第 1 点坐标值

采用同样方法，依次确定第 2~6 点的坐标值，如图 2-12 所示。需要特别注意的是，所有的"从"点是指在机器人底座上选取的点，所有的"到"点是指实训平台上选取的点，并且要依次按照对应点的顺序①~⑥选取点。完成后，单击"应用"→"关闭"，将机器人底座精准放置在实训工作台上。

导入和放置工业机器人底座

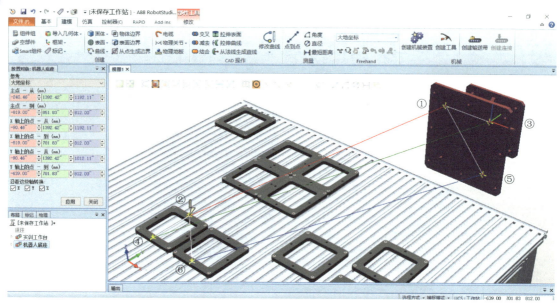

图 2-12 获取点坐标值

4. 导入和放置工业机器人

1）在"基本"功能选项卡中,单击"ABB 模型库",选择"IRB 120",导入工业机器人。

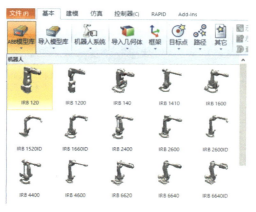

导入和放置
工业机器人

图 2-13 导入 IRB 120 工业机器人

2）采用"两个框架"法将工业机器人放置到机器人底座上。

① 在"基本"功能选项卡中,单击"框架",选择"创建框架",如图 2-14 所示。

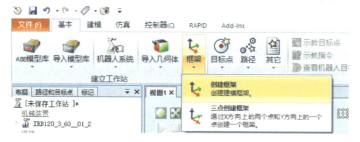

图 2-14 创建框架

② 选中左侧"创建框架"的"框架位置"输入框，在底座上表面选中中心点，获得相应坐标值，单击"创建"，生成"框架1"；同样，在机器人底部中心创建"框架2"，如图2-15、图2-16所示。

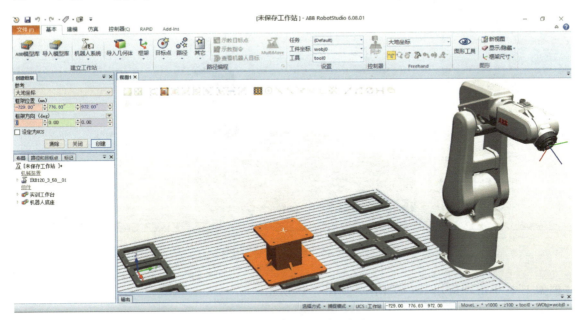

图 2-15 创建底座上表面框架

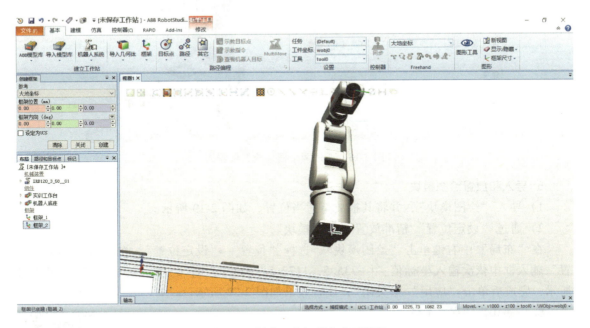

图 2-16 创建工业机器人底面框架

③ 右键单击机器人"IRB120"，选择"位置"→"放置"→"两个框架"，如图2-17所示。
④ 在弹出的"通过两个框架进行放置"输入框中，"从"选择"框架2"，"到"选择

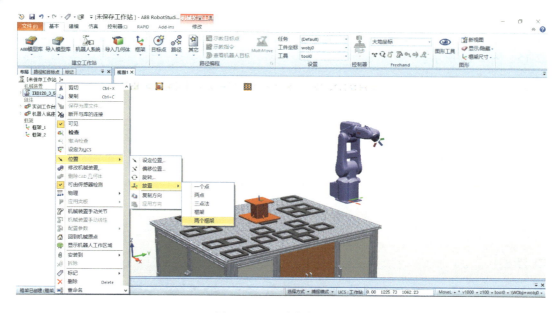

图 2-17 "两个框架"法

"框架 1",单击"应用"→"关闭",如图 2-18 所示。

图 2-18 通过两个框架放置机器人

5. 导入和放置绘图模块

1)导入"绘图模块",并将其拖放至适当位置,如图 2-19 所示。

2)通过"设定位置"精准放置"绘图模块"。

在"布局"中右键单击"绘图模块",选择"位置"→"设定位置",在弹出的"设定位置"输入框中依次输入坐标值:[-735.5,1172.5,674.5,0,0,0],如图 2-20、图 2-21 所示,完成后单击"应用"→"关闭",放置效果如图 2-22 所示。

6. 安装和拆卸夹爪工具

1)安装"夹爪工具"模型。导入"夹爪工具"模型后,左键选中"夹爪工具"并按住不放,将其拖至机器人"IRB120"上松开,在弹出的对话框"是否希望更新'夹爪工具'的位置?"中选择"是",更新夹爪工具位置,如图 2-23 所示,安装完成效果如图 2-24 所示。

安装和拆卸工具

项目2 工业机器人工作站搭建与基本操作

图 2-19 导入绘图模块

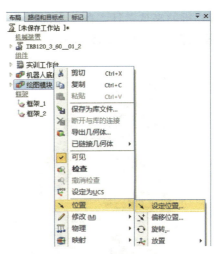

图 2-20 设定位置

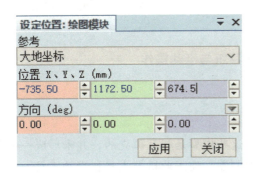

图 2-21 输入坐标值

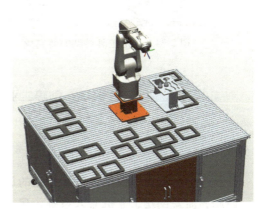

图 2-22 绘图模块放置完成

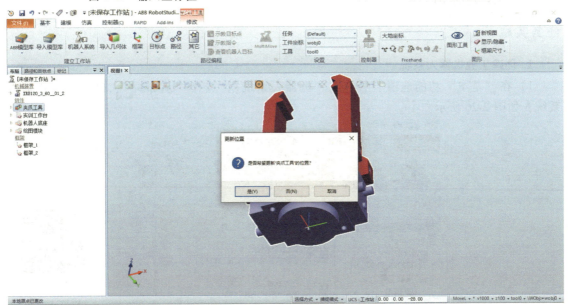

图 2-23 拖移安装工具模型

2）拆除夹爪工具。在"布局"中右键单击"夹爪工具"，选择"拆除"，即可将夹爪工具模型拆除，如图2-25所示。

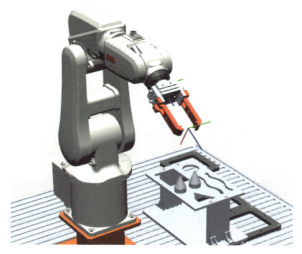

图2-24 夹爪工具模型安装完成

图2-25 拆除夹爪工具模型

任务2　创建工业机器人系统与手动操作

任务分析

任务1中对工作站模型进行了合理的放置，但这些模型是相互孤立的，并未形成一个系统。因此，需要创建工业机器人系统，建立虚拟控制器，使工业机器人具备带动工具、对工件进行加工处理的功能。

任务实施

1．创建工业机器人系统

1）在"基本"功能选项卡中单击"机器人系统"，选择"从布局"，创建工业机器人系统，如图2-26所示。

图2-26 "从布局"创建工业机器人系统

创建工业机器人系统

项目2 工业机器人工作站搭建与基本操作

2）在弹出的"从布局创建系统"窗口中，修改工业机器人系统的名称并保存位置，如图 2-27 所示，单击"下一个"。

在"系统选项"步骤，根据需要配置系统参数，单击"下一个"→"完成"，如图 2-28 所示，等待系统创建完成。

图 2-27 系统名字和位置

图 2-28 系统选项

2. 设定模型颜色

如果工业机器人颜色与底座颜色不一致导致工作站整体颜色不协调，可以重新设定模型的颜色，使工作站获得更好的视觉效果。下面介绍设定模型颜色的方法。

改变机器人颜色

1）在"布局"中右键单击"机器人底座"，选择"修改"→"设定颜色"，如图 2-29 所示。

2）在弹出的"颜色"对话框中，选择要修改的颜色，单击"添加到自定义颜色"，如图 2-30 所示。

图 2-29 设定机器人底座颜色

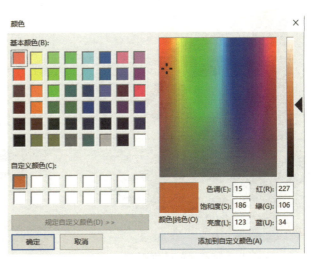

图 2-30 添加到自定义颜色

3）右键单击 IRB 120 机器人，选择"断开与库的连接"，如图 2-31 所示。

4）单击 IRB 120 机器人左侧的下拉箭头，单击"链接"展开机器人组件，选中除"Link6"之外的组件，右键单击选中的组件，选择"设定颜色"，如图 2-32 所示。

5）单击"自定义颜色"，选中已添加的颜色，单击"确定"，完成效果如图 2-33 所示。

图 2-31 断开与库的连接

图 2-32 设定颜色

3. 工业机器人手动操作

工业机器人系统创建完成后，"Freehand"工具栏中手动线性、手动重定位和多个机器人手动操作三个功能被激活。

1）手动关节。通过鼠标单独操作工业机器人的每个关节运动。ABB IRB120 型工业机器人有 6 个关节，通过"Freehand"工具栏的"手动关节"功能可单独操作每个关节运动。

手动操作（1）

2）手动线性。通过鼠标拖动机器人工具中心点（简称"TCP"）沿直线运动。选中"Freehand"工具栏的"手动线性"，在工业机器人末端出现移动箭头时，使用鼠标拖动坐标箭头可使机器人工具末端沿 X、Y 或 Z 方向移动，如图 2-34 所示。

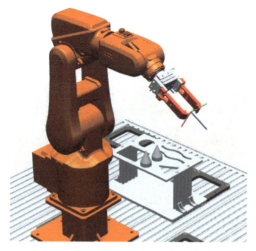

图 2-33 模型更改颜色后的效果

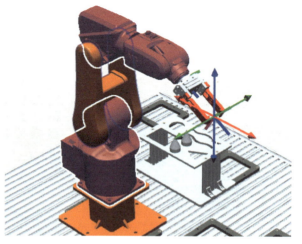

图 2-34 手动线性

3）手动重定位。重定位运动是指工业机器人绕 TCP 点做姿态调整的运动，TCP 点固定不动。在"Freehand"工具栏中选中"手动重定位"后，在工业机器人工具末端出现圆形转动箭头，使用鼠标拖动坐标箭头绕 X、Y 或 Z 轴转动，如图 2-35 所示。

4）机械装置手动关节和手动线性。RobotStudio 软件提供了精确的手动控制方式，可实现工业机器人的精准运动。

右键单击"IRB120"，选择"机械装置手动关节"和"机械装置手动线性"，输入移动的数据，可使工业机器人精确移动，如图 2-36 所示。选择"回到机械原点"，可使工业机器人回到机械原点。也可以通过拖动滑块、直接在滑块上输入值以及单击右侧的"<"和">"步进箭头来移动机器人，其中单击箭头所移动的步进值可从"Step"输入框来设置，如图 2-37、图 2-38 所示。

图 2-35 手动重定位

图 2-36 工业机器人手动精确运动

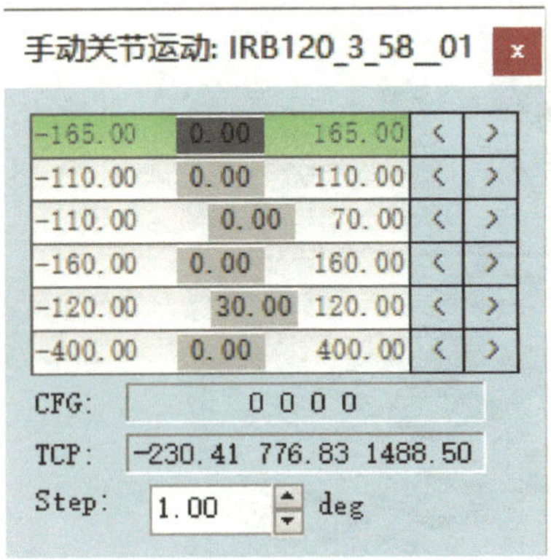

图 2-37 手动关节运动

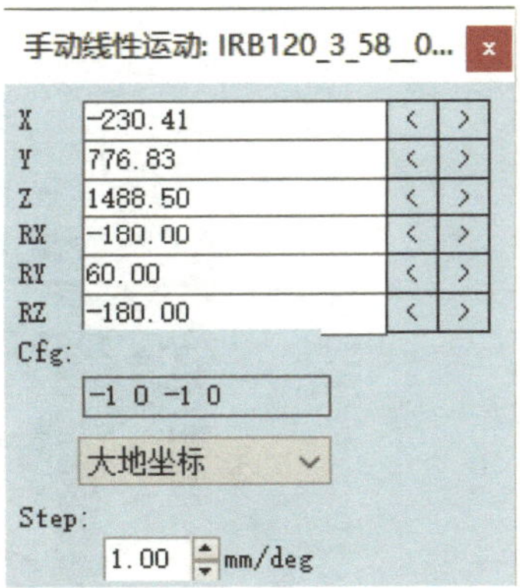

图 2-38 手动线性运动

4. 打包保存

在"文件"功能选项卡中单击"保存工作站为",命名并选择保存位置,保存工作站。完成后,再在"文件"功能选项卡中选择"共享"→"打包",输入打包的名称和位置,即可完成工作站的"打包",如图 2-39 所示。

特别注意,"打包"前要检查所有组件,断开与库文件的连接,先"保存工作站","打包"时将工作站、库和工业机器人系统保存到同一个文件中,以便文件分发时不缺失任何工作站组件。

图 2-39 保存工作站与打包

课 后 练 习

1. 基于任务 1 和任务 2 创建的工作站如图 2-40 所示,导入工件仓库和装配零件,并合理地放置在机器人工具的工作范围内。

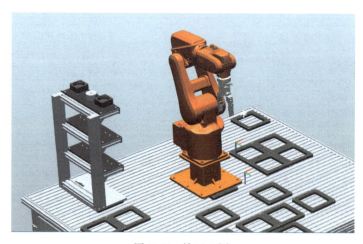

图 2-40 练习 1 图

2. 在练习 1 创建的工作站中，使用手动操作将夹爪工具移动到抓取工件的位置，如图 2-41 所示。

图 2-41　练习 2 图

项目3 工业机器人绘图工作站虚拟仿真

在现代化工业生产中,工业机器人被广泛用于焊接、喷涂、切割、搬运、码垛、装配等领域。要使工业机器人按照规定的路径运动和作业,需要为其示教运行的目标点,并设计、完善和优化运行路径。进行工业机器人作业的虚拟仿真设计,可以远离危险、嘈杂的现场,也可避免出现意外情况。

使用 RobotStudio 软件,可以在已有工件模型的基础上自动生成目标点和路径,还可以借助软件功能处理特殊路径,如镜像路径、平移路径、旋转路径等。本项目为工业机器人绘图工作站的虚拟仿真,主要介绍了工业机器人在焊接、喷涂和切割时的目标点示教和运行路径创建。

知识目标

1)掌握工业机器人工具的创建方法。
2)掌握工业机器人工件坐标系的创建方法。
3)了解工业机器人工件坐标系的应用方法。
4)掌握通过手动示教创建工业机器人路径的方法。
5)掌握通过自动路径创建工业机器人路径的方法。
6)了解创建工业机器人镜像路径的方法。

能力目标

1)能够创建和应用工业机器人工具。
2)能够创建和应用工业机器人工件坐标系。
3)能够熟练创建工业机器人运行路径。
4)能够熟练运用高级路径处理方法。

任务1 创建绘图笔工具

任务分析

虽然 RobotStudio 软件提供了各式各样的工业机器人工具,但在实际工程项目中,往往需要根据应用场景,使用专用的工具,如打磨工具、喷涂工具、码垛工具等。这就需要将已绘制的工具模型导入 RobotStudio 软件,再将其创建为工业机器人工具。此外,将工具模型导入 RobotStudio 软件后,还需要设置其位置和姿态等,以满足工具的安装和使用功能要求。

项目3 工业机器人绘图工作站虚拟仿真

本任务为导入绘图笔模型,创建工业机器人绘图笔工具。

任务实施

1. 导入绘图笔工具模型

1)导入"实训平台""底座""ABB IRB120 工业机器人""绘图模块"模型,按照表 3-1 所列位置布局工作站,导入夹爪工具并安装。

表 3-1 绘图工作站各模块的位置

模块	位置
实训平台	[0,0,0,0,0,0]
底座	[-729,777,960,90,0,90]
ABB IRB120 工业机器人	[-729,777,972,0,0,0]
绘图模块	[-735.5,1172.5,674.5,0,0,0]

2)单击"导入几何体",选择"浏览几何体",导入绘图笔工具,导入后的绘图笔工具如图 3-1 所示。为方便操作,隐藏除"绘图笔工具"之外的所有机械装置、组件等。

创建绘图笔工具

2. 设定绘图笔工具位置

1)设定"绘图笔工具"模型的本地原点。

① 右键单击"绘图笔工具",选择"修改"→"设定本地原点",如图 3-2 所示。

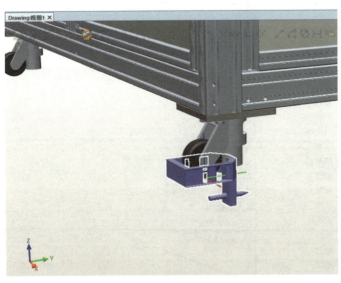

图 3-1 导入"绘图笔工具"模型

图 3-2 设定本地原点

② 在弹出的输入框中设置本地原点的数据,如图 3-3 所示。

2)设定"绘图笔工具"模型的位置和姿态。

① 右键单击"绘图笔工具",选择"位置"→"设定位置",如图 3-4 所示。

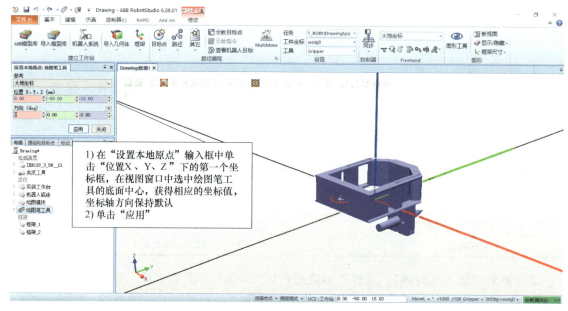

图 3-3 设定本地坐标系位置和方向

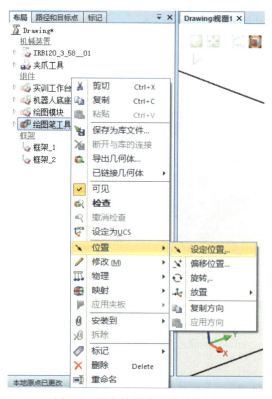

图 3-4 设定绘图笔工具的位置

② 由于"绘图笔工具"需要被夹持在夹爪工具上,其本地原点相对于法兰的距离为 91mm,因此,在"设定位置"输入框的"位置"中输入 [0,0,91];在"方向"中输入

项目3 工业机器人绘图工作站虚拟仿真

[90,0,90]（表示将使"绘图笔工具"模型绕 X 轴顺时针方向旋转 90°、绕 Z 轴顺时针方向旋转 90°），单击"应用"→"关闭"，如图 3-5 所示。

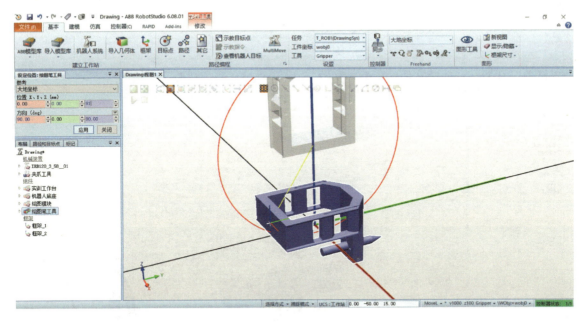

图 3-5　设定绘图笔工具模型的位置和姿态

3. 创建工具坐标系框架

工具坐标系框架应设置在"绘图笔工具"模型的尖端。在"基本"选项卡中，单击"框架"，选择"创建框架"，创建新的框架，如图 3-6 所示，将生成的新框架重命名为"工具框架"。

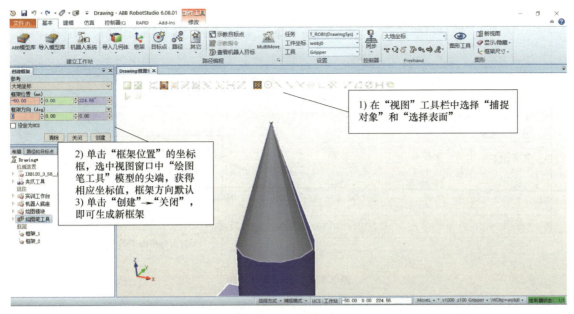

图 3-6　设定工具坐标系框架的位置和方向

4. 创建工具

1) 在"建模"选项卡中,单击"创建工具",弹出"创建工具"对话框,如图 3-7 所示。

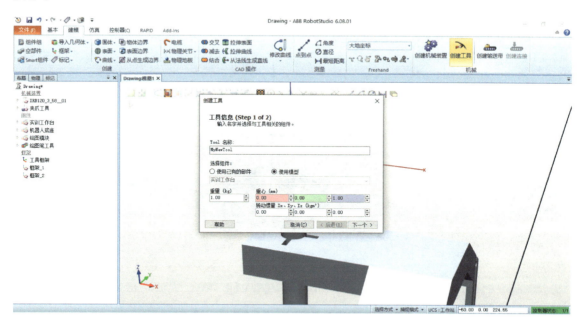

图 3-7　创建工具

2) 设置"创建工具"的"工具信息第 1 步",如图 3-8 所示。

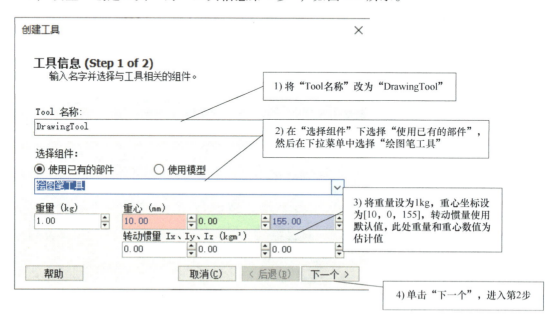

图 3-8　工具信息第 1 步

3) 设置"创建工具"的"工具信息第 2 步",如图 3-9 所示。

项目3 工业机器人绘图工作站虚拟仿真

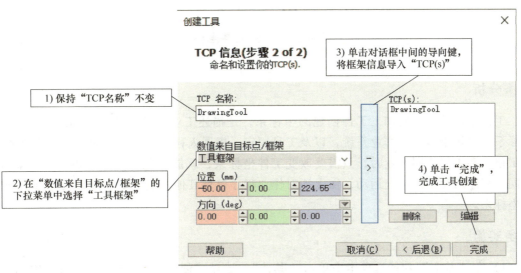

图 3-9 工具信息第 2 步

4）将新创建的"绘图笔工具"安装到工业机器人上。

> **相关知识**
>
> 工具数据（tooldata）是用来描述工具特性的数据，包含工具安装方式、工具坐标系的坐标和方向、工具质量等一系列参数。创建工具时所输入的参数数值直接对应着相应的工具数据参数。

工具数据

下面以夹爪工具数据为例进行说明，其工具数据参数如下，参数说明见表 2-2。

tooldata Gripper：=［TRUE,［［0,0,155］,［1,0,0,0］］,［1,［0,0,100］,［1,0,0,0］,0,0,0］］；

表 3-2 工具数据参数说明

参数	说明	示例
工具数据	名称：Gripper 类型：tooldata	tooldata Gripper
安装状态	名称：robhold（robot hold） 类型：bool 定义工业机器人法兰是否安装工具 TRUE：安装工具 FALSE：未安装工具	TRUE 安装了夹爪工具
工具坐标系	名称：tframe（tool frame） 类型：pose 定义工具坐标系的数据（TCP 的位置和工具坐标系的方向），两者均相对于腕坐标系（tool0），相应包含两部分数据： ①TCP 位置，X、Y 和 Z，单位为 mm ②工具坐标系各轴方向，采用四元数	①TCP 位置：［0,0,155］ 相对于 tool0，沿 Z 轴方向偏移了 155mm ②方向：［1,0,0,0］ 方向采用四元数，此处表示与 tool0 各轴方向一致
负载特性	名称：tload（tool load） 类型：loaddata ①工具质量，单位为 kg ②工具重心的位置，X、Y 和 Z，单位为 mm，相对于 tool0 ③工具重心的方向，相对于 tool0 ④转动惯量（Ix、Iy、Iz），表示负载在 tool0 的 X、Y、Z 方向上的转动惯量；如定义 Ix＝0、Iy＝0、Iz＝0，则将工具视作质点	①工具质量为 1kg ②重心相对于 tool0 的位置：［0,0,100］，沿 Z 轴方向偏移了 100mm ③重心方向：［1,0,0,0］，采用四元数，与 tool0 各轴方向一致 ④"0,0,0"表示工具为质点，不带转动惯量

任务 2　创建工件坐标系

任务分析

工件坐标系是针对加工工件创建的坐标系，是描述工业机器人 TCP 运动的虚拟笛卡儿坐标系，多用于多工件作业系统，以及工具固定、机器人移动工件的作业系统。机器人进行多工位、多工件相同作业时，只需要改变工件坐标系，就能保证机器人在不同的作业区域，按同一程序所设定的轨迹运动，而无须对作业程序进行其他修改。本任务采用三点法创建工件坐标系。

任务实施

1）在"基本"功能选项卡中单击"其他"，选择"创建工件坐标"，如图 3-10 所示。

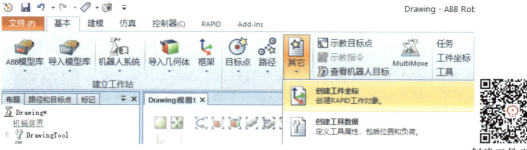

图 3-10　创建工件坐标

创建工件坐标系

2）在"创建工件坐标"框中，设置"名称"为"wobj1"，单击"工件坐标框架"→"取点创建框架"，通过"三点法"创建工件坐标，如图 3-11 所示。

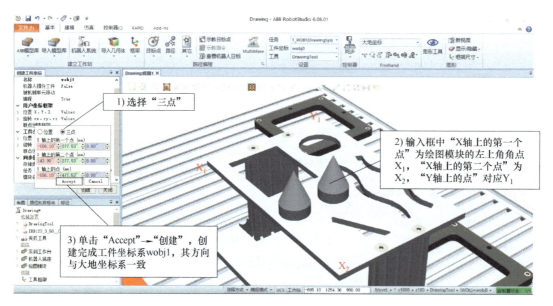

图 3-11　三点法创建工件坐标框架

相关知识

工件数据（wobjdata）是用来描述工件安装特性的数据，包含用户坐标系、工件坐标系等一系列参数。创建工件坐标时所输入的参数数值直接对应着相应的工件数据参数。

下面以绘图模块工件数据为例，工件数据参数说明见表3-3。

wobjdata wobj1:=[FALSE,TRUE,"",[[-156.101,277.526,8],[1,0,0,0]],[[0,0,0],[1,0,0,0]]];

工件数据

表3-3 工件数据参数说明

参数	说明	示例
工件数据	名称:wobj1 类型:wobjdata	wobjdata wobj1
工件安装状态	名称:robhold（robot hold） 类型:bool 定义工件的安装状态 TRUE:工业机器人带工件移动作业,加工工具固定 FALSE:工件固定,工业机器人移动工具作业	FALSE 绘图模块上的图形均固定；此处图形为工件,绘图模块为工装
工装安装状态	名称:ufprog（user frame programmed） 类型:bool 定义工装的安装状态 TRUE:工装固定作业 FALSE:工装带有外轴,可以与工业机器人协同作业；此时需要用到参数 ufmec	TRUE 绘图模块固定
运动单元名称	名称:ufmec（user frame mechanical unit） 类型:string 定义用于工装移动的机械单元的名称。当有移动工装的机械单元时(ufprog 为 FALSE),需要以带双引号的字符串形式定义其名称；当没有移动工装的机械单元时,仅保留双引号	"" 没有移动工装的机械单元
用户坐标系	名称:uframe（user frame） 类型:pose 定义用户坐标系的位置(坐标原点位置)和坐标轴方向,相应包含两部分数据: ①坐标原点位置,X、Y 和 Z,单位为 mm ②坐标系各轴方向,采用四元数 如果工件固定,工业机器人移动工具作业,则参照大地坐标系定义用户坐标系；如果工具固定,工业机器人带工件移动作业,则参照腕坐标系定义用户坐标系	本系统工件固定,工业机器人移动工具作业,所以参照大地坐标系定义用户坐标系: [-156.101,277.526,8] 坐标原点相对大地坐标系的位置 [1,0,0,0] 坐标系各轴方向与大地坐标系一致
工件坐标系	名称:oframe（object frame） 类型:pose 定义工件坐标系的位置(坐标原点位置)和坐标轴方向,相应包含两部分数据: ①坐标原点位置,X、Y 和 Z,单位为 mm ②坐标系各轴方向,采用四元数 工件坐标系参照用户坐标系	[0,0,0],[1,0,0,0] 表示工件坐标系与用户坐标系重合

任务3 创建方形路径

坐标系介绍

任务分析

利用 RobotStudio 软件仿真可以实现跟实操设备类似的手动示教效果，对于给定的工作任务，首先需要设计工业机器人完成任务的运行路径。本任务将在任务1和任务2的基础上，使用绘图笔工具绘制工业机器人运行的方形路径。

任务实施

1. 创建空路径

1）检查/设置初始参数，如图3-12所示。

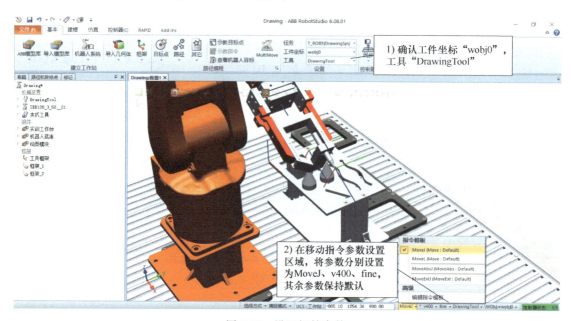

图3-12 设置初始参数

2）创建空路径。在"基本"功能选项卡中单击"路径"，选择"空路径"，在"路径和目标点"中出现"Path_10"，如图3-13所示。

图3-13 创建空路径

项目3 工业机器人绘图工作站虚拟仿真

2. 示教指令和目标点

在"基本"功能选项卡的"路径编程"中有"示教目标点""示教指令",类似于操作真实工业机器人的示教功能。

工业机器人常用运动指令

工业机器人运动指令参数

1)单击"示教指令","Path_10"下出现第 1 条移动指令,如图 3-14 所示。

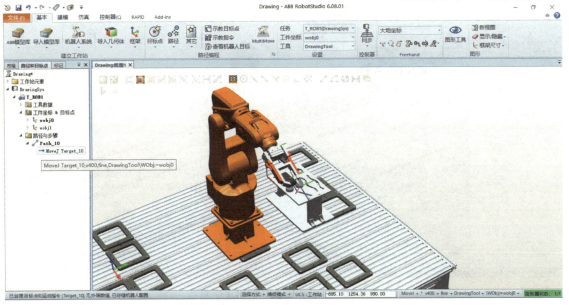

图 3-14 示教第 1 条移动指令

2)设置初始位置。使用"机械装置手动关节",将工业机器人调整到初始位置,示教第 2 条移动指令,如图 3-15 所示。

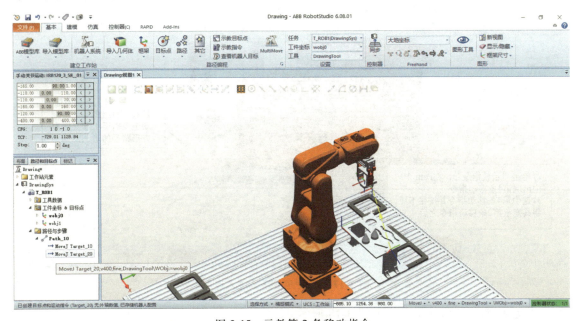

图 3-15 示教第 2 条移动指令

3）示教目标点。

① 选择"Freehand"→"线性运动"工具，选择视图"捕捉末端"，单击"绘图笔工具"，拖动箭头至方形路径的第 1 个角点 P_1，单击"示教指令"，添加第 3 条运动指令，如图 3-16 所示。

创建方形路径

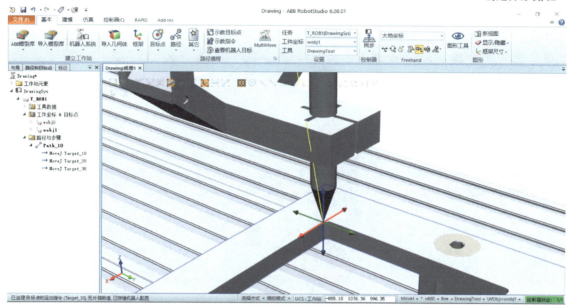

图 3-16　示教方形路径的第 1 个角点

② 采用同样方式，示教、添加第 4 条移动指令，如图 3-17 所示。

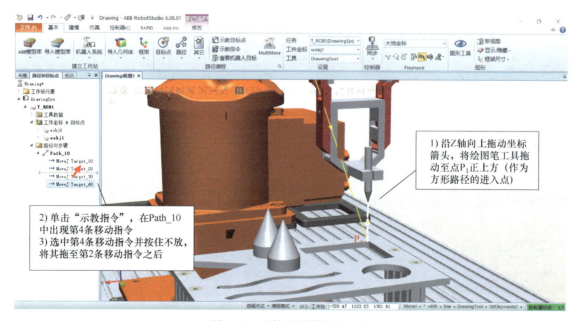

图 3-17　示教方形路径进入点

③ 示教第 5 条移动指令，如图 3-18 所示。

项目3 工业机器人绘图工作站虚拟仿真

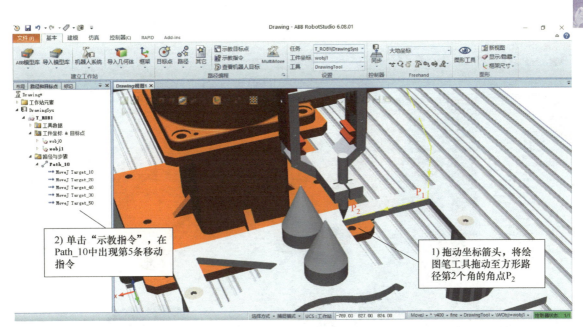

图 3-18 示教方形路径点 P_2

4)继续拖动坐标箭头,将绘图笔工具拖动至方形路径第 2 个角的另一个角点 P_3,进行示教,出现第 6 条移动指令,如图 3-19 所示。

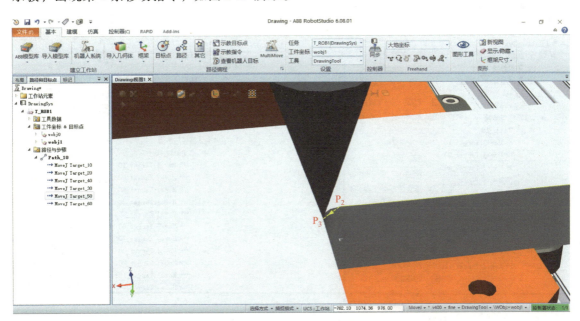

图 3-19 示教方形路径点 P_3

5)采用同样方式,依次示教方形路径的其他 5 个角点 $P_4 \sim P_8$,如图 3-20 所示。

6)右键单击指令"MoveJ Target_30",选择"复制";右键单击指令"MoveJ Target_110",选择"粘贴"(弹出对话框"创建新目标点"时,选择"否"),使绘图笔工具从点 P_8 返回点 P_1,如图 3-21 所示。

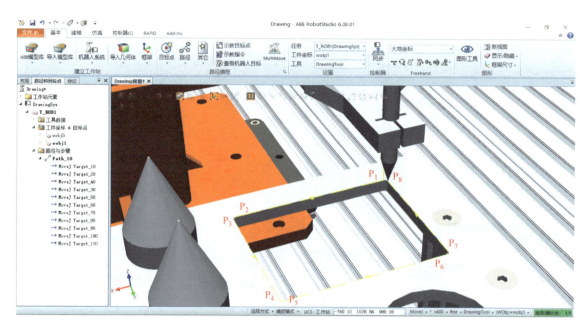

图 3-20 示教方形路径其他 5 个角点

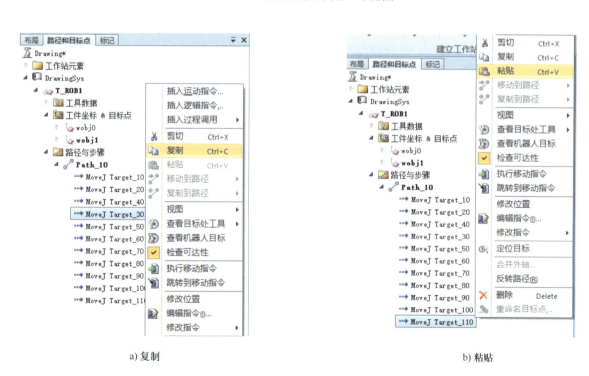

a) 复制　　　　　　　　　　　　　　　　　b) 粘贴

图 3-21 复制和粘贴指令

7) 采用同样方式，将前三条移动指令逆序依次复制到所有移动指令的末尾，形成一条完整的运行路径，如图 3-22 所示。

项目3 工业机器人绘图工作站虚拟仿真

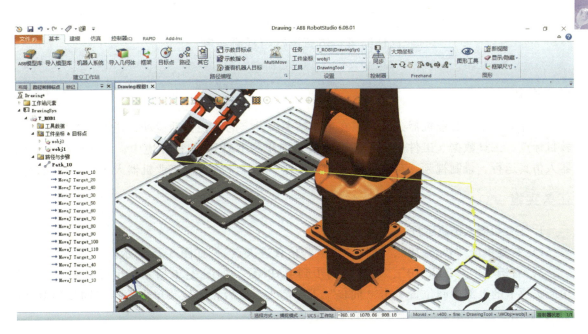

图3-22 完整路径

3. 沿路径运动

在"路径和目标点"中,右键单击"Path_10",依次选择"自动配置"→"所有移动指令";右键单击"Path_10",选择"沿着路径运动",观察工业机器人运行状态,如图3-23、图3-24所示。

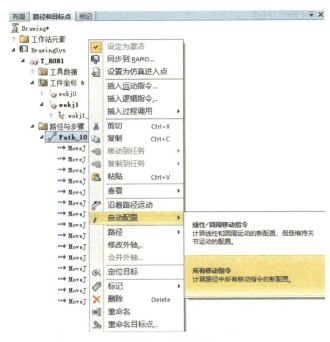

图3-23 配置参数

图3-24 沿着路径运动

任务 4　仿真运行与视频录制

任务分析

在任务 3 中，工业机器人实现了在工作站中沿设定的路径自动运动，还需要将指令、示教目标点、工具数据、工件坐标等数据和信息同步到 RAPID 编程环境中，才能进行工业机器人仿真运行、录制视频、TCP 跟踪等相关操作。本任务将录制工业机器人仿真运行视频。

任务实施

1. 工业机器人仿真运行

1）右键单击"Path_10"，选择"设置为仿真进入点"，如图 3-25 所示。

2）右键单击"Path_10"，选择"同步到 RAPID"，如图 3-26 所示；也可以在"基本"功能选项卡的上部中间位置单击"同步"下拉箭头，然后在下拉菜单中选择"同步到 RAPID"，如图 3-27 所示。

仿真运行

图 3-25　设置仿真进入点　　　　　　　　　图 3-26　同步到 RAPID 方法（一）

图 3-27　同步到 RAPID 方法（二）

3）在弹出的"同步到 RAPID"对话框中勾选所有复选框，单击"确定"，如图 3-28 所示。

项目3 工业机器人绘图工作站虚拟仿真

图 3-28 同步到 RAPID 参数配置

4）在"仿真"功能选项卡下的"仿真控制"功能栏中，单击"播放""停止""暂停"和"重置"按钮观察和控制仿真运行，如图 3-29 所示。

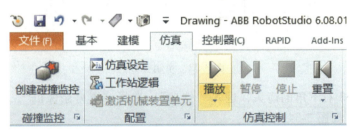

图 3-29 仿真控制

2. 录制视图和视频

1）录制视图。

① 单击"播放"下拉菜单，选择"录制视图"，如图 3-30 所示，工业机器人系统开始运行。

录制视频

图 3-30 录制视图

② 仿真结束后，弹出保存文件名和保存类型窗口，保存类型选择"可执行文件（*.exe）"，如图 3-31 所示。

图 3-31　保存文件

③ 打开生成的文件，单击工具栏中的"Play"，播放机器人运行视图。

2）录制视频。

①"仿真"功能选项卡下的"录制短片"工具栏包含 3 种视频录制方法：仿真录像、录制应用程序和录制图形，单击任何一个图标都可以开始录制视频，单击"停止录像"图标可以停止视频录制，单击"查看录像"可以直接观看刚录制的视频，如图 3-32 所示。

图 3-32　录制视频

② 单击图 3-33 右下角的箭头，进入"选项"，选择"屏幕录像机"，设设置视频保存路径、视频参数等，如图 3-34 所示。

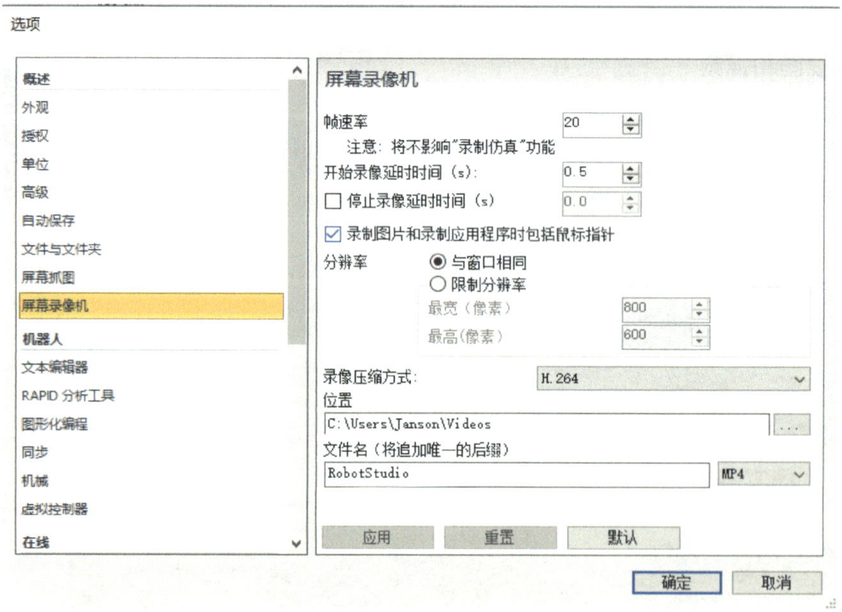

图 3-33　屏幕录像机设置

项目3 工业机器人绘图工作站虚拟仿真

任务5　创建圆弧路径

任务分析

工业机器人手动示教适用于加工外形简单的工件，因为工件外形简单，示教点少；而对于加工外形复杂且精度要求高的工件，由于示教点多、路径复杂，需要利用RobotStudio软件自动生成路径，再进行路径的完善和优化，这种方式可以大大提高路径规划的效率。

任务实施

1. 设置初始参数

将工作站系统恢复到"绘图模块"未被调整的状态，设置相关参数，如图3-34所示。

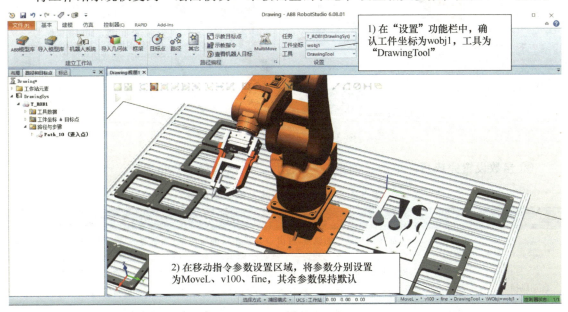

图3-34　设置初始参数

2. 生成自动路径

1) 单击"基本"功能选项卡"路径"的下拉选项，选择"自动路径"，如图3-35所示。

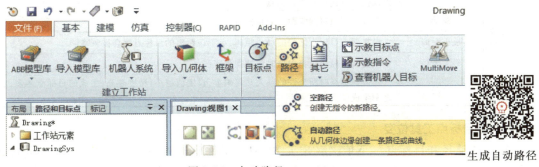

图3-35　自动路径

2）设置自动路径参数。

① 在弹出的"自动路径"输入框中设置自动路径参数，如图3-36所示；"自动路径"输入框的参数说明见表3-4。

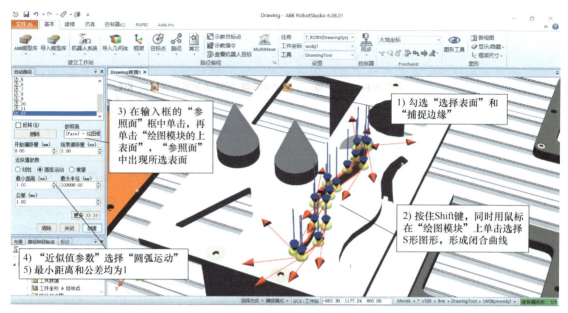

图3-36 设置自动路径参数

② 参数设置完成后，单击"创建"→"关闭"，生成路径"Path_20"。

表3-4 "自动路径"输入框参数说明

项目	参数	功能
自动路径	轨迹框	显示用户选择的轨迹，可由一条或多条曲线组成；当轨迹为闭合曲线时，可在视图窗口中的红色轨迹上看到一个圆盘状标识，为轨迹的起点，也是终点；当轨迹非闭合曲线时，可在视图窗口中的红色轨迹上看到两个圆盘状标识，分别为轨迹的起点和终点
	反转	将轨迹方向置反，其默认方向为顺时针方向，反转后变为逆时针方向
	删除	单击"删除"按钮可删除"轨迹框"的第一条或最后一条轨迹
	参照面	在目标模型上选定参照面后，生成的目标点的Z轴方向会垂直于参照面
近似值参数	线性	以线性指令到达每个目标点，以线性方式分段处理轨迹
	圆弧运动	在具有圆弧特征的轨迹处以圆弧指令到达相应目标点，而在具有线性特征的轨迹处以线性指令到达相应目标点
	常量	生成具有恒定间隔距离的目标点
	最小距离	设置两个目标点之间的最小距离，小于该距离的目标点将会被忽略
	最大半径	当圆弧半径超过指定值时将被视为直线
	公差	生成目标点时所允许的最大几何偏差，设定值越小，精度越高，生成的目标点越多；反之则生成的目标点越少

3. 调整目标点工具位姿

1）在"路径和目标点"下依次展开T_ROB1、工件坐标&目标点、wobj1和wobj1_of，可见自动生成的目标点如图3-37a所示；在"Path_20"下可见路径，如图3-37b所示。

项目3 工业机器人绘图工作站虚拟仿真

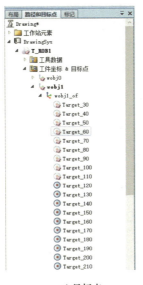 

a) 目标点　　　　　　　　　　　　b) 路径

图 3-37　生成的目标点和路径

2) 右键单击"Target_120",选择"查看目标处工具"→"DrawingTool",在视图窗口的模块上可见目标点处的绘图笔工具,如图 3-38 和图 3-39 所示。

 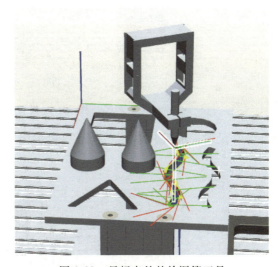

图 3-38　查看目标点处工具　　　　　图 3-39　目标点处的绘图笔工具

相关知识

1) 使用"查看目标处工具"可以方便地检查工具在指定目标点处的姿态是否合理。

2) 实际操作过程中,目标点处的工具姿态往往不合理,使工业机器人难以到达该点,因此,需要调整目标处的工具姿态,以便工业机器人顺利到达指定位置。

3) 设置旋转参数。

① 右键单击目标点"Target_120",选择"修改目标"→"旋转",如图 3-40 所示,在弹

出的"旋转"窗口中设置旋转参数，如图3-41所示。

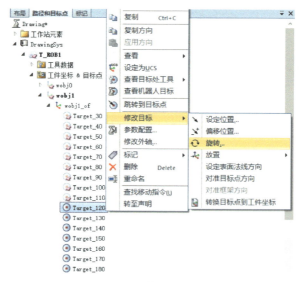

图3-40　修改目标点

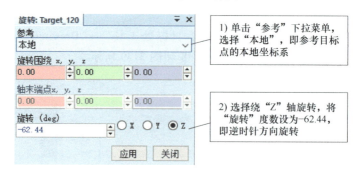

图3-41　设置目标点工具旋转参数

② 设置完成后，单击"应用"→"关闭"，调整后的绘图笔工具姿态如图3-42所示。

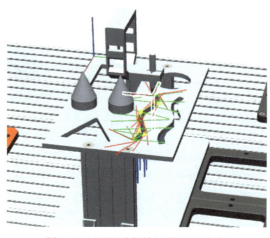

图3-42　调整后的绘图笔工具姿态

4）批处理目标点。目标点"Target_120"处理完毕后，其他目标点也需要相应处理，此时无须逐点修改，可以参照"Target_120"进行批处理。在本任务中，生成的目标点的Z轴方向均垂直于绘图模块上表面，无须改动，只需调整X轴，将其朝向统一方向即可。

① 使用Shift键和鼠标左键选择所有剩余的目标点，单击右键，选择"修改目标"→"对准目标点方向"，如图3-43所示。

图3-43 对准目标点方向

② 在弹出的"对准目标点"窗口中，从"参考"下拉菜单中选择"Target_80"，将其作为参照点，"对准轴"选择"X"轴，"锁定轴"选择"Z"轴，如图3-44所示。

③ 设定完成后，所有目标点的坐标方向均保持一致，如图3-45所示。

图3-44 设置"对准目标点"参数

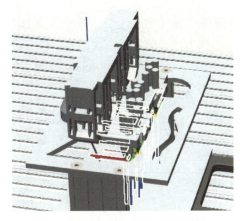

图3-45 批处理完毕后的效果

4. 轴配置参数

工业机器人可以以多种方式到达目标点，即存在多种关节轴组合方式，关节轴组合方式也称为轴配置参数。在调整好目标点处的工具姿态后，需为目标点选择轴配置参数。

1）右键单击"Target_120"，选择"参数配置"，在弹出的"配置参数"窗口中，选择第一种轴配置参数：Cfg1（0，0，0，0），如图 3-46、图 3-47 所示。

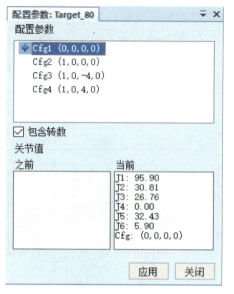

轴配置参数

图 3-46　参数配置　　　　　　　　　图 3-47　配置参数

2）设置完成后，单击"应用"→"关闭"。

3）其余目标点的轴配置参数也可以统一调整：在"路径和目标点"下展开"路径与步骤"，右键单击自动路径"Path_20"，选择"自动配置"→"所有移动指令"，如图 3-48 所示。

图 3-48　调整所有目标点的轴配置参数

相关知识

1)"配置参数"框中显示了不同的轴配置参数,用户可以从中选择适宜的组合。

2)在"配置参数"框中选中轴配置参数后,"关节值"框中会显示工业机器人每个关节轴的旋转角度,其中:"之前"为目标点之前的轴配置参数所对应的各关节轴旋转角度;"当前"为目标点当前选择的轴配置参数所对应的各关节轴旋转角度。

3)工业机器人部分关节轴的运动范围会超过360°,这些关节轴可能会以多种方式到达同一角度,如让 IRB120 机器人的第六轴旋转6°,存在三种方式:6°、366°和−354°,可以勾选参数"转数",以获取需要的轴配置参数。

5. 完善路径和优化参数

在路径"Path_20"中,一些目标点距离较近,使用它们生成圆周移动指令后,可能会导致工业机器人运行错误,如形成"不确定的圆",因此,需要将圆周移动指令替换为线性或关节移动指令。另外,采用"自动路径"方式形成的机器人路径仅包含 S 形路径部分,还需要补充初始点、过渡点和进入点,以及优化机器人移动指令的参数。

1)调整移动指令。

① 展开"Path_20",右键单击圆周移动指令"MoveC Target_130, Target_140",选择"删除",将这条指令删除。

② 依次展开 wobj0、wobj0_of,右键单击"Target_130",选择"添加到路径"→"Path_20"→"MoveL Target_120",如图 3-49 所示,将目标点"Target_130"的指令添加到指令"MoveL Target_120"之后。

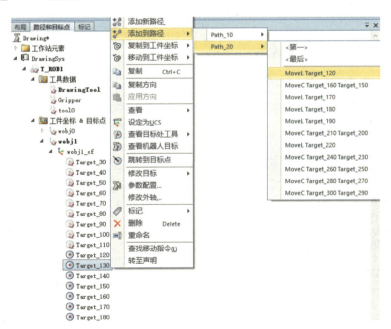

完善路径和
优化参数

图 3-49 将目标点添加至路径

③ 采用同样方式,将目标点"Target_140"添加到路径"MoveL Target_130"之后,从而替换圆周移动指令"MoveC Target_130, Target_140"。

④ 采用同样方式，替换圆周移动指令"MoveC Target_230，Target_240"，如图 3-50 所示。

⑤ 右键单击"Path_20"，选择"自动配置"→"所有移动指令"；再次右键单击"Path_20"，选择"沿着路径运动"，观察工业机器人运行情况。

2）添加进入点。相对"Path_20"第一个目标点而言，进入点只是相对其沿 Z 轴负方向偏移一定距离，所以，可以复制第一个目标点并将其偏移；"Path_20"为闭合路径，进入点和离开点可为同一点。

① 右键单击第一个目标点"Target_120"，选择"复制"；再右键单击"wobj1"，选择"粘贴"，如图 3-51、图 3-52 所示。

图 3-50　调整后的路径"Path_20"

图 3-51　复制目标点

② 右键单击新生成的目标点"Target_120_2"，选择"重命名"，如图 3-53 所示，将目标点名称修改为"pGetin"。

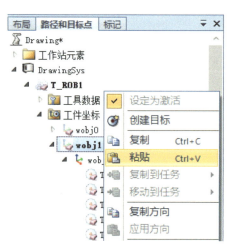

图 3-52　粘贴目标点

图 3-53　示教点重命名

③ 右键单击目标点"pGetin",选择"修改目标"→"偏移位置",在弹出的"偏移位置"窗口中,从"参考"下拉菜单中选择"本地"坐标系,将"Translation(偏移)"Z轴值设为-100,"旋转"默认,如图3-54、图3-55所示。

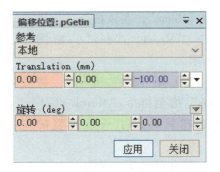

图3-54 偏移目标点　　　　　　　　　图3-55 设定目标点偏移参数

④ 设置完成,单击"应用"→"关闭",再右键单击目标点"pGetin",选择"添加到路径"→"Path_20"→"第一",如图3-56所示。

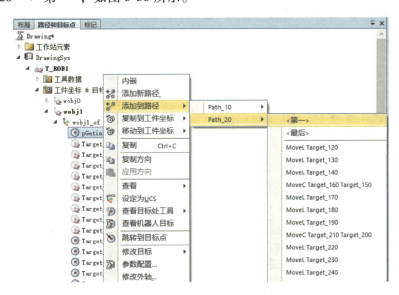

图3-56 将目标点添加至路径

⑤ 采用同样方式,将目标点"pGetin"添加到"Path_20"的"最后"。

3)添加初始点和过渡点。各步骤的相关操作跟前面的步骤类似,简述如下:

① 右键单击工业机器人,单击"回到机械原点",使工业机器人回到机械原点。

② 在"基本"功能选项卡下的"设置"功能栏中,将工件坐标改为wobj0。

③ 在"路径编程"功能栏中单击"示教目标点"。

④ 依次展开 wobj0、wobj0_of，将新生成的目标点"Target_310"重命名为"pHome"。

⑤ 将目标点"pHome"分别添加到"Path_20"的"第一"和"最后"。

⑥ 右键单击工业机器人，选择"机械装置手动关节"，通过滑块将第1轴和第5轴的旋转角度均设为90°，单击"示教目标点"。

⑦ 将新生成的目标点重命名为"pTrans"。

⑧ 将"pTrans"拖至指令"MoveL pHome"，在该指令后生成新指令"MoveL pTrans"，如图3-57所示。

⑨ 采用同样方式，将"pTrans"拖至指令"MoveL pGetin"，这样就形成了一条完整的路径。

4) 优化移动指令参数。

① 在"Path_20"中，使用Ctrl键和鼠标左键选取前3条指令和倒数前2条指令，右键单击选择"编辑指令"，如图3-58所示；在弹出的窗口中，"动作类型"选择"Joint"，"Zone"选择"z0"，如图3-59所示。

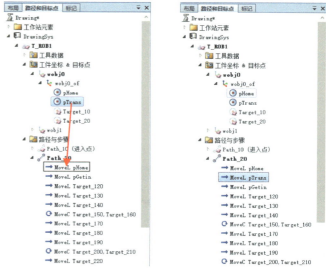

图 3-57 拖动目标点生成新指令

图 3-58 编辑指令

图 3-59 设置移动指令参数

② 设置完成后，单击"应用"→"关闭"。

③ 在"Path_20"中，右键单击下方第二条"MoveL pGetin"指令，选择"修改指令"→"区域"→"z10"，修改这条指令的区域半径，如图3-60所示。

项目3 工业机器人绘图工作站虚拟仿真

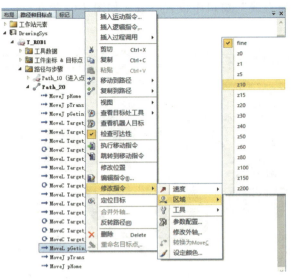

图 3-60 修改指令参数

④ 右键单击自动路径 "Path_20"，选择 "自动配置"→"所有移动指令"；再次右键单击 "Path_20"，在弹出的菜单中选择 "沿着路径运动"，观察机器人运行情况。

任务 6　创建镜像路径

任务分析

绘图模块中包含两条 S 形路径，两者不是平移关系，而是镜像关系。本任务将利用 RobotStudio 中的 "镜像路径" 功能，从当前路径实现镜像路径。"镜像路径" 的本质是借助镜像平面（对称面）形成对称的路径，因此，本任务首先要根据需要创建对称面，即创建镜像框架；再创建路径和镜像路径，仿真运行观察效果。

任务实施

1. 创建镜像框架

1) 创建直线。

① 在 "建模" 功能选项卡下，单击 "曲线" 下拉列表并选择 "直线"，如图 3-61 所示。

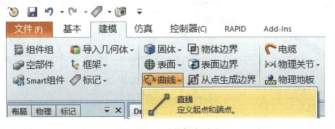

创建镜像路径

图 3-61 创建直线

② 在弹出的"创建直线"窗口中设置参数，如图3-62所示。

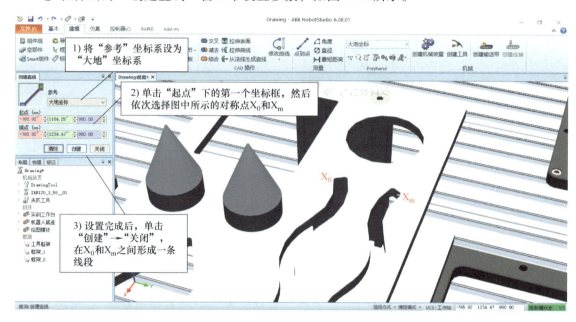

图3-62 设置"创建直线"参数

2）创建框架。

在"基本"功能选项卡中，单击"框架"下拉列表并选择"创建框架"；设置框架参数，并将框架重命名为"镜像框架"，如图3-63、图3-64所示。

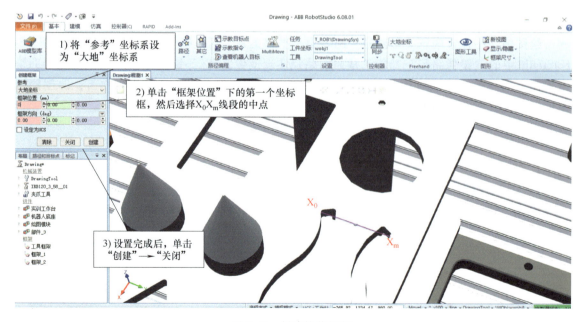

图3-63 创建镜像框架

2. 创建和移动路径

1）在"基本"功能选项卡中单击"路径"，选择"空路径"，生成空路径"Path_30"。

项目3 工业机器人绘图工作站虚拟仿真

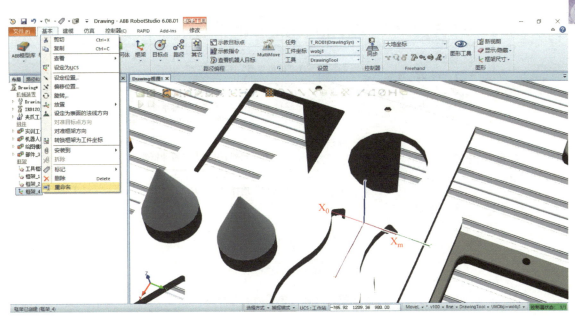

图 3-64 框架重命名

2）展开路径"Path_20"，使用 Shift 键和鼠标左键选择图 3-65 所示的移动指令（除到达初始点和过渡点的移动指令），右键单击选择"移动到路径"→"DrawingSys/T_ROB1/Path_30"，将需要镜像操作的移动指令都移动至路径"Path_30"。

3. 镜像路径

1）右键单击"Path_30"，在弹出的菜单中选择"路径"→"镜像路径"，如图 3-66 所示。

图 3-65 移动路径

图 3-66 镜像路径

2）设置"镜像路径"参数。

① 在弹出的"镜像路径"窗口中设置参数，如图 3-67 所示，各参数说明见表 3-5。

51

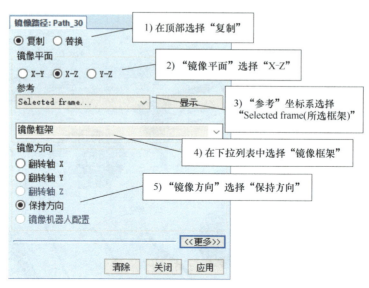

图 3-67 设置"镜像路径"参数

② 在图 3-67 所示"镜像路径"窗口下部单击"更多",设置其他参数,如图 3-68 所示。

图 3-68 设置"镜像路径"附加参数

③ 设置完成后,单击"应用"→"关闭",生成"Path_30"的镜像路径"mPath_30",视图窗口出现相应轨迹,如图 3-69 所示。

④ 自动配置参数,仿真运行,观察机器人沿路径运行情况。

4. 调用路径与仿真运行

1)右键单击路径"Path_20",选择"插入过程调用"→"Path_30",如图 3-70 所示。

2)采用同样方式,完成路径"Path_20"调用路径"mPath_30"。

项目3 工业机器人绘图工作站虚拟仿真

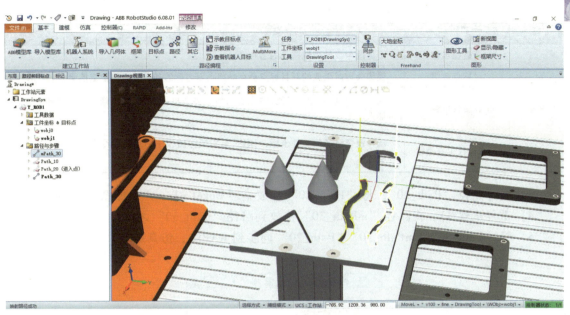

图 3-69 生成"镜像路径"

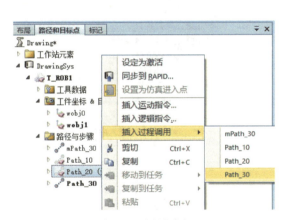

图 3-70 调用路径

表 3-5 "镜像路径"窗口参数说明

项目	参数	功能
常规	复制	生成的镜像路径将复制参照路径
	替换	生成的镜像路径将替换参照路径
	镜像平面	选择参考坐标系的三个坐标平面(X-Y、X-Z 和 Y-Z)之一作为镜像平面
	参考	即参考坐标系,可以选择 World(大地坐标系)、Baseframe(机器人基坐标)、UCS(用户坐标系),以及用户选择的框架 Selected frame
	显示/隐藏	显示/隐藏所选择的坐标系的镜像平面
	<选择框架>	在"参考"中选择"Selected frame(所选框架)"后,可以打开下拉列表,选择需要的框架或目标点工具坐标系
	镜像方向	镜像处理时,目标点工具坐标系需要反转的轴;"保持方向"是指目标点工具坐标系方向保持不变;"镜像机器人配置"是指将机器人的轴配置参数镜像处理

（续）

项目	参数	功能
更多	新路径名称	可更改生成的镜像路径的名称
	目标点前缀	镜像处理时生成的新目标点会在参照点原名称的基础上增加指定前缀
	正在接收机器人	仅有一台机器人时,只能选"当前";如有多个机器人,可将镜像路径发送给选定的机器人
	正在接收工件坐标	选择镜像路径的工件坐标,"原始"是指镜像路径中的每条指令各自保持原来的工件坐标

3）展开路径"Path_20",将"Path_30"拖放至"MoveJ pTrans",如图 3-71 所示。

4）重复步骤 3),将路径"mPath_30"拖放到路径"Path_30"之后。

5）将"Path_30""mPath_30""Path_20"同步到 RAPID,仿真运行。

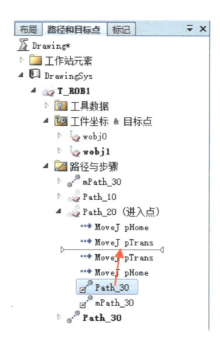

图 3-71 调整指令和路径位置

课后练习

1. 如图 3-72 所示,创建绘图笔工具,名称为"Pen",重量设为 1kg,重心坐标设为[10,0,140]。转动惯量使用默认值。将绘图笔工具安装到工业机器人上。

2. 如图 3-73 所示,导入棋盘组件,并放置到合适的位置,对棋盘创建工件坐标"wobjQP"。

3. 以绘图笔 TCP 沿棋盘表面边缘创建方形路径。

4. 以绘图笔 TCP 沿棋子边缘创建圆形路径。

项目3 工业机器人绘图工作站虚拟仿真

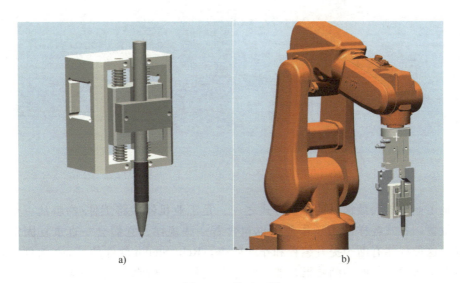

图 3-72 练习 1 图

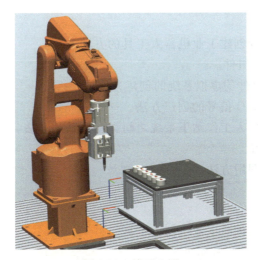

图 3-73 练习 2 图

项目4 工业机器人搬运工作站虚拟仿真

搬运是工业机器人最常见的作业方式之一，是工业机器人将工件/物料从一个位置移动到另一个位置。各式各样的搬运作业中也包含着一些规律，它们会一直重复固定的搬运路径，了解了这种规律有助于提升编程和作业效率。RobotStudio 软件的 Smart 组件还可以实现工业机器人工作站运行的动画效果，能够将生产过程通过仿真再现。本项目将通过 Smart 组件，在工业机器人搬运工作站中实现动态搬运和装配过程。

知识目标

1）掌握通过机械装置创建工业机器人工具的方法。
2）了解常见的 Smart 组件。
3）掌握基于 Smart 组件的虚拟系统的创建方法。
4）掌握工业机器人 I/O 信号的创建方法。
5）掌握建立工业机器人工作站子系统之间交互关系的方法。
6）了解基本搬运路径。
7）了解子函数及其调用方法。

技能目标

1）能够通过机械装置创建工业机器人工具。
2）能够熟练使用常见 Smart 组件。
3）能够创建基于 Smart 组件的虚拟系统。
4）能够创建工业机器人 I/O 信号。
5）能够熟练设置工作站逻辑。
6）能够熟练运用搬运路径规律。
7）能够熟练运用子函数。

任务 1 创建夹爪工具

任务分析

RobotStudio 软件提供了不同的创建工业机器人工具方法，可以使用导入几何模型创建工具，如项目三中创建的绘图笔工具；也可以通过创建机械装置的方式创建工具，还可以使用虚

项目4 工业机器人搬运工作站虚拟仿真

拟示教器创建工具数据,每种方法都各具特点,本任务采用创建机械装置的方式创建工具。

任务实施

1. 创建机械装置

1)创建一个空工作站,导入夹爪工具的组成部分,如图4-1所示。

在本例中,夹爪工具模型的朝向和位置已提前做过调整,如工具气缸的下表面中心已与大地坐标系原点重合,故在创建工具前无需再做调整。

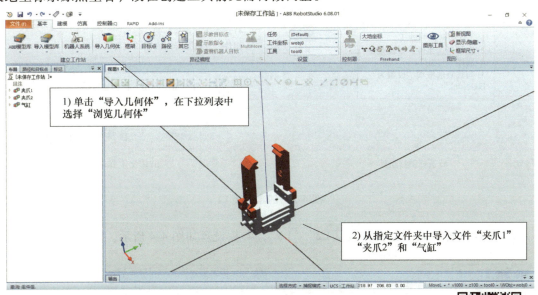

图4-1 导入夹爪工具模型组件

2)在"建模"中,创建机械装置并设置名称和类型,如图4-2所示。

创建夹爪工具(1)

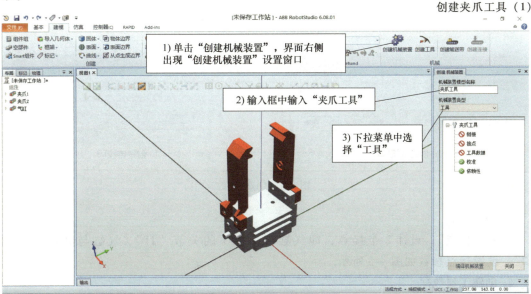

图4-2 创建机械装置

57

2. 创建链接

1) 双击"链接",设置相关参数,创建工具链接如图4-3所示。

a) 选择链接组件　　　　　　　　　b) 添加主页

图4-3　创建链接L1

2) 采用同样方式,创建链接"L2""L3",参数设置如图4-4所示。

a) 创建链接L2　　　　　　　　　b) 创建链接L3

图4-4　创建链接

3. 创建接点

双击"接点",设计2个接点,即气缸与夹爪1的关节"J1"、气缸与夹爪2的关节"J2",设置接点参数如图4-5所示。

4. 创建工具数据

双击"工具数据",设置参数,生成工具数据"Gripper",如图4-6所示。

项目4 工业机器人搬运工作站虚拟仿真

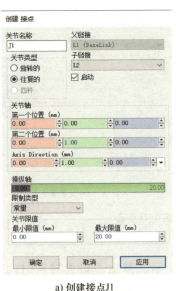
a) 创建接点J1

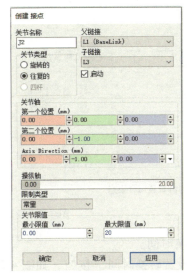
b) 创建接点J2

图 4-5 创建接点

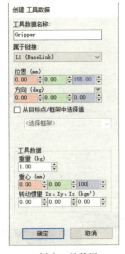
a) 创建工具数据

b) 设置完成的工具数据

图 4-6 创建工具数据与设置参数

相关知识

1) 工具数据设置包括工具坐标系的位置、方向、重量和重心位置。

2) "创建工具数据"窗口中的"位置"和"方向"为工具坐标系的位置和方向。

3) 在"属于链接"下拉菜单中,可选择工具坐标系属于哪个组件,一般需要选择相对静止的 BaseLink。

5. 添加姿态

1) 添加姿态。单击"创建机械装置"窗口下方的"添加"按钮,弹出"创建姿态"窗口,设置关节"闭合""张开"参数,如图 4-7 所示。

 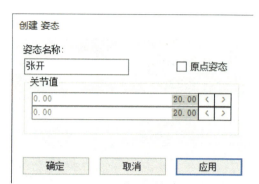

a) 设置闭合姿态　　　　　　　　　　　　b) 设置张开姿态

图 4-7　设置夹爪工具姿态

2) 设置转换时间。

① 单击"设置转换时间"按钮，如图 4-8 所示，弹出"设置转换时间"窗口，可以设置机械装置两种姿态间的转换时间。

② 将"张开"与"闭合"姿态之间的转换时间设为 2s，其他姿态间的转化时间保持默认，如图 4-9 所示，设置完成后单击"确定"。

 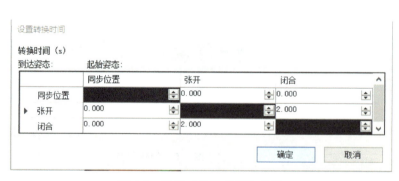

图 4-8　设置转换时间　　　　　图 4-9　设置"转换时间"参数

③ 关节姿态和转换时间设置完成后，在"布局"中出现"夹爪工具"的图标。

任务 2　创建动态夹爪工具系统

任务分析

RobotStudio 软件提供了 Smart 组件，能够以逼真的动画效果将加工生产过程展示出来，便于在现场实施之前,了解工作站的流程和运行情况。Smart 组件本身也包含许多功能性子组件,能够实现各式各样的功能,如移动、转动、安装、拆卸等。本任务使用 Smart 组件,实现夹爪工具的动态抓放、张合和检测功能。

任务实施

1. 创建工业机器人搬运工作站

搬运工作站由实训工作台、ABB IRB120 工业机器人、机器人底座、夹爪工具、变位机、仓库以及 3 个装配零件组成。

创建夹爪工具(2)

1)单击"导入几何体",选择"浏览几何体",依次从文件夹中导入搬运工作站的各个模块,从"ABB 模型库"导入 IRB120 工业机器人。

2)本任务利用坐标位置来放置所有模块,搬运工作站各模块的坐标位置见表 4-1。

3)将本项目"任务 1"创建的"夹爪工具"安装到工业机器人上,搭建好的工业机器人搬运工作站整体效果如图 4-10 所示。

表 4-1 搬运工作站各模块的坐标位置

模块	坐标位置
实训工作台	[0,0,0,0,0,0]
ABB IRB120 工业机器人	[-729,777,972,0,0,0]
机器人底座	[-729,777,960,90,0,90]
变位机	[-553,70,137,0,0,180]
仓库	[-968.5,282,587,0,0,0]
装配零件 1	[-916,287,1408,180,0,0]
装配零件 2	[-1029,287,1399,180,0,0]
装配零件 3	[-1142,287,1408,180,0,0]

图 4-10 工业机器人搬运工作站整体效果

2. 夹爪工具自动张合

1)创建 Smart 组件。在"建模"功能选项卡中,创建 Smart 组件系统,如图 4-11 所示。

图 4-11 创建 Smart 组件与重命名

相关知识

Smart 组件操作窗口包含：

1) 组成：可以通过"添加组件"来导入具有各种功能的子组件，设置其属性；Smart 子组件主要由属性和信号两部分组成。

2) 设计：通过图形化方式建立 Smart 组件系统中不同子组件间的属性连接和信号连接；此界面也可以添加信号和属性。

3) 属性与连接：通过对话框方式添加动态属性，建立属性连接。

4) 信号和连接：通过对话框方式添加 I/O 信号，建立信号连接。

创建 Smart 组件

2) 添加关节姿态组件。

① 单击"组成"选项卡下的"添加组件"，弹出窗口中选择"本体"→"PoseMover"，为夹爪工具添加姿态子组件，如图 4-12 所示。

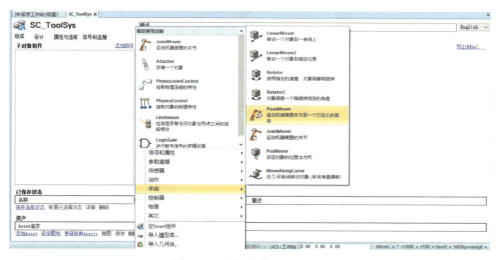

图 4-12 添加组件 PoseMover

② 在"属性"中，将 Mechanism（机械装置）设为"夹爪工具"，Pose（姿态）设为"闭合"，动作持续时间"Duration"设为 2s，单击"应用"→"关闭"，如图 4-13 所示；

③ 重复步骤①、②，可创建第 2 个 PoseMover 子组件，Pose（姿态）设为"张开"，完成后，单击"应用"→"关闭"，关节姿态组件"PoseMover"说明见表 4-2。

3）添加逻辑运算组件。

① 单击"添加组件"，选择"信号和属性"→"LogicGate"，为夹爪工具添加逻辑运算子组件，如图 4-14 所示。

② 将"Operator（运算符）"设置为"Not（非）"，其他参数保持默认，LogicGate 组件可以对数字信号进行逻辑运算，属性和信号的说明见表 4-3。

图 4-13　组件 PoseMover 参数设置

表 4-2　PoseMover 属性和信号说明

属性	说明
Mechanism（机械装置）	设定要进行关节运动的机械装置
Pose（姿态）	设定要移动到的姿态
Duration（持续时间）	机械装置移动至指定姿态所需的时间
信号	说明
Execute（执行）	将该信号设为 High(1)时，开始执行动作；设为 Low(0)时，停止动作
Pause（暂停）	将该信号设为 High 时，暂停动作
Cancel（取消）	将该信号设为 High 时，取消动作
Executed（已执行）	到达设定姿态时，此信号为 High
Executing（执行中）	在动作执行过程中时，此信号为 High
Paused（已暂停）	动作暂停时，此信号为 High

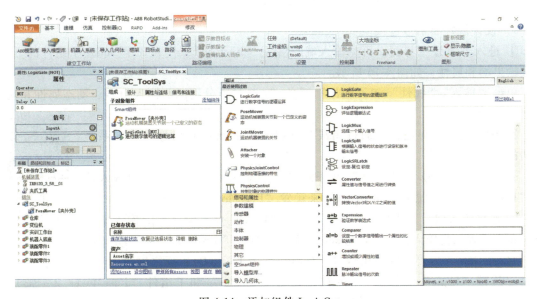

图 4-14　添加组件 LogicGate

表 4-3 LogicGate 属性和信号说明

属性	说明
Operator(运算符)	可用来进行逻辑运算的运算符：AND、OR、XOR、NOT、NOP
Delay(延迟时间)	输出信号延迟的时间
信号	说明
InputA	第 1 个输入信号
InputB	第 2 个输入信号
Output	逻辑运算的结果

4）添加信号。进入"信号和连接"，为当前 Smart 组件系统添加信号，如图 4-15 所示。

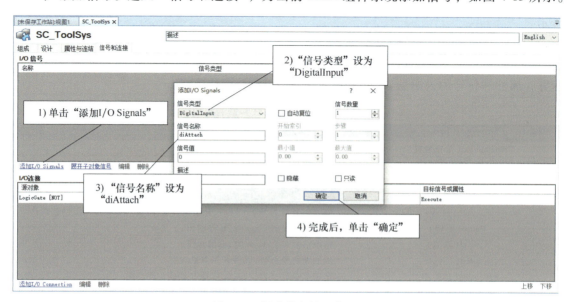

图 4-15 创建数字输入信号

5）设计属性和信号连接。

① 进入"设计"界面，可见输入端的信号"diAttach"，代表 3 个 Smart 子组件的方框，以及输出端和属性，如图 4-16 所示。

单击"输入""属性"和"输出"后的"+"号可分别添加输入信号、动态属性和输出信号。

② 在"设计"界面，可通过用线条连接不同的属性和信号来实现系统的功能。

a. 连接输入信号"diAttach"和子组件"PoseMover［闭合］"的输入信号"Execute"，表示通过"diAttach"来触发"PoseMover［闭合］"。

b. 连接输入信号"diAttach"和子组件"LogicGate［Not］"的输入信号"InputA"，表示将输入信号"diAttach"置反。即当"diAttach"为 High（1）时，"LogicGate［Not］"的输出信号"OutPut"为 Low（0）；反之输出 High（1）。

c. 连接"LogicGate［Not］"的输出信号"OutPut"和子组件"PoseMover_2［张开］"的输入信号"Execute"，表示通过"OutPut"来触发"PoseMover_2［张开］"。

夹爪工具
自动张合

项目4 工业机器人搬运工作站虚拟仿真

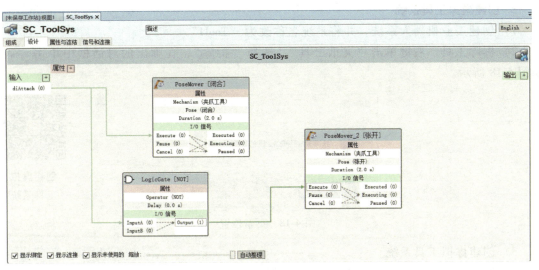

图 4-16 开合功能属性和信号设计

以上"设计"表示：当"diAttach"变为 High（1）时，"PoseMover［闭合］"执行闭合动作，而"PoseMover_2［张开］"因"LogicGate［Not］"把输入信号"InputA"置反而没有触发；同样，当"diAttach"变为 Low（0）时，"PoseMover［闭合］"停止动作，"PoseMover_2［张开］"因"LogicGate［Not］"把信号"InputA"置反而被触发。通过一个信号即可控制两个动作。

6）效果验证。

① 通过"仿真"功能选项卡下的"I/O 仿真器"验证夹爪工具动态效果，如图 4-17 所示。

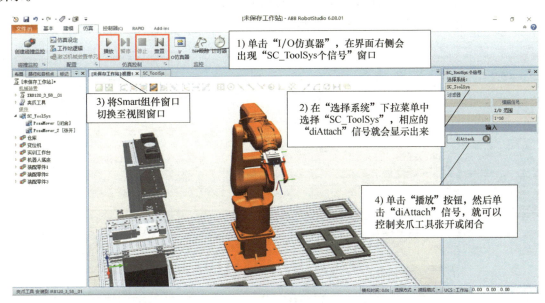

图 4-17 仿真验证

② 仿真结束后，单击"停止"→"重置"，使夹爪工具恢复初始状态。

3. 创建虚拟工具系统

1）创建工业机器人系统，并将系统名称改为"Tool1"。

2）拆除工具。右键单击"夹爪工具"，选择"拆除"，在弹出的对话框中单击"否"，如图 4-18 所示。

创建虚拟工具系统

图 4-18　更新位置

3）创建虚拟工具系统。

① 在"布局"中，左键按住"夹爪工具"拖至"SC_ToolSys"组件，如图 4-19 所示。

② 将界面切换至 Smart 组件界面，单击"组成"，夹爪工具出现在"子对象组件"中，右键单击并选择"设定为 Role"，如图 4-20 所示。

4）安装工具。

① 在"布局"中，将"SC_ToolSys"拖至机器人上，如图 4-21 所示。

② 在弹出的"更新位置"对话框中，单击"否"，如图 4-22 所示，在弹出的"Tooldata 已存在"对话框中，单击"是"，替换原有工具数据，如图 4-23 所示。

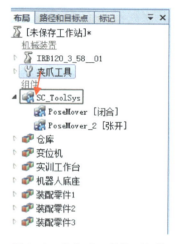

图 4-19　将夹爪工具拖至组件

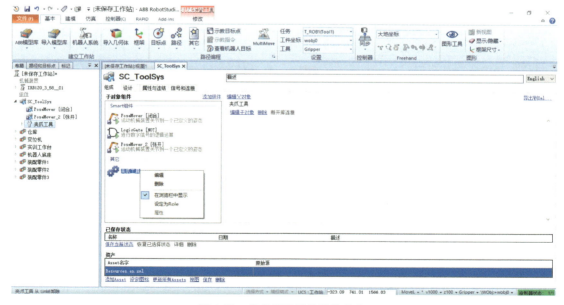

图 4-20　将夹爪工具设定为 Role

项目4 工业机器人搬运工作站虚拟仿真

图 4-21 将"SC_ToolSys"拖至机器人

图 4-22 更新"SC_ToolSys"位置　　　　图 4-23 替换原有工具数据

4. 添加传感器

1)设置工业机器人姿态,便于后续操作,具体步骤如图 4-24 所示。设置工业机器人的姿态是为了使夹爪工具与大地坐标系的 XY 平面平行,便于设定平面传感器的位置和尺寸。

图 4-24 设置工业机器人姿态

2) 右键单击"夹爪工具",取消勾选"可由传感器检测",使传感器检测不到夹爪工具。

> **相关知识**
> 虚拟传感器每次只能检测一个物体,如果虚拟传感器被第一个物体触发,则其他物体无法再触发传感器检测。因此,要确保创建的传感器不与周边设备接触,避免被周边设备触发检测。

创建传感器

3) 添加平面传感器。

① 将视图窗口切换至"SC_ToolSys"组件窗口,在"组成"中"添加组件",选择"传感器"→"PlaneSensor"(平面传感器),如图4-25所示。

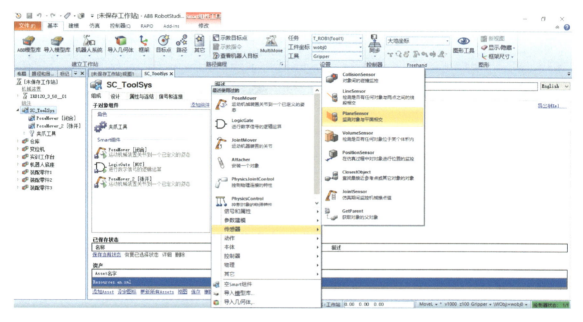

图4-25 添加组件"PlaneSensor"

② 在弹出的PlaneSensor"属性"窗口中,设置参数,如图4-26所示,参数说明见表4-4。

表4-4 PlaneSensor属性和信号说明

属性	说明
Origin(原点)	设定传感器平面的原点
Axis1(轴1)	相对于原点,设定平面的第1个轴
Axis1(轴2)	相对于原点,设定平面的第2个轴
SensedPart	PlaneSensor检测到的物体
信号	说明
Active(激活)	设定PlaneSensor是否激活
SensorOut	当传感器检测到或接触到第一个物体时,为High(1)

项目4 工业机器人搬运工作站虚拟仿真

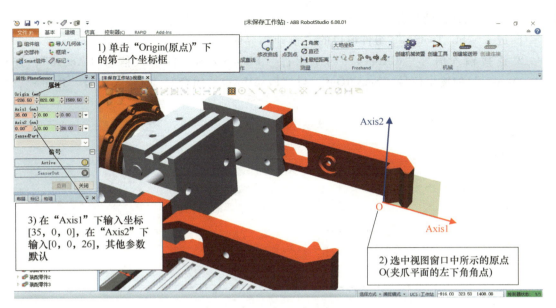

图 4-26 创建平面传感器

③ 设置完成后,单击"应用"→"关闭",在夹爪夹持面上可见创建好的传感器。

④ 在"布局"中,右键单击"PlaneSensor",选择"安装到"→"L2",如图 4-27 所示,使平面传感器安装到对应夹爪上,并且可以随其移动。

图 4-27 安装"PlaneSensor"

> **相关知识**
>
> 平面传感器以大地坐标系为参考,通过原点(Origin)和两个轴(Axis1 和 Axis2)来定义平面的位置、方向和大小。

4）夹爪工具自动开合。

① 进入"SC_ToolSys"组件窗口的"设计"界面。

② 连接输入信号"diAttach"与子组件"PlaneSensor"的输入信号"Active";连接"PlaneSensor"的输出信号"SensorOut"与"PoseMover［闭合］"的输入信号"Pause",如图 4-28 所示。

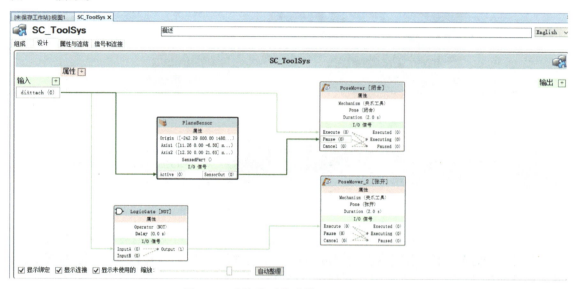

图 4-28　连接平面传感器"PlaneSensor"

5. 夹爪工具自动取放工件

1）添加 Attacher 组件。

在"SC_ToolSys"组件的"组成"中,单击"添加组件",选择"动作"→"Attacher"（安装）,设置"属性"参数。"Parent"选择"SC_ToolSys",其他默认,如图 4-29 所示,

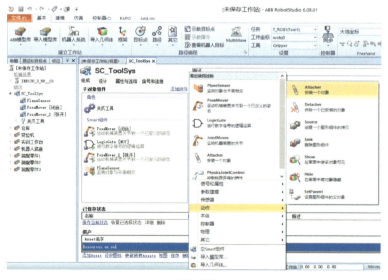

a）添加组件

b）设置属性

图 4-29　添加 Attacher 组件

属性和信号说明见表 4-5。

2）添加 Detacher 组件。

采用同样方式，添加"动作""Detacher（拆除）"组件，属性参数默认即可，说明见表 4-6。

夹爪工具自动取放工件

表 4-5 Attacher 属性和信号说明

属性	说明
Parent（父对象）	设定子对象要安装在其上的对象
Flange	如果父对象为机械装置，还需指定子对象安装在机械装置的哪个法兰上（编号）
Child（子对象）	设定要安装的对象
Mount（精确安装）	如果选择 Mount，可以准确设定子对象安装在父对象上的位置和方向（相对于父对象）
Offset（偏移）	当选择 Mount 时，设定相对于父对象的位置
Orientation（方向）	当选择 Mount 时，设定相对于父对象的方向
信号	说明
Execute（执行）	将该信号设为 High 时，进行安装
Executed（已执行）	执行完成时发出脉冲 High

表 4-6 Detacher 属性和信号说明

属性	说明
Child（子对象）	设定要拆除的对象
KeepPosition（保持位置）	如果选择此项，要拆除的对象将会保持在当前位置；否则该对象将返回其原始位置
信号	说明
Execute（执行）	将该信号设为 High 时，拆除安装的对象
Executed（已执行）	执行完成时发出脉冲 High

3）设计自动取放功能。

① 进入"SC_ToolSys"组件窗口的"设计"界面。

② 连接组件"PlaneSensor"的输出信号"SensorOut"和组件"Attacher"的输入信号"Execute"，连接组件"PlaneSensor"的属性"SensedPart"和组件"Attacher"的属性"Child"，如图 4-30 所示。

该操作表示当"PlaneSensor"检测到物体时，输出信号"SensorOut"变为 High（1），并传输给"Attacher"的输入信号"Execute"，使夹爪工具开始夹持物体；"PlaneSensor"检测到的物体即为组件"Attacher"的子对象。

③ 连接"LogicGate［Not］"的输出信号"OutPut"和子组件"Detacher"的输入信号"Execute"，并连接组件"PlaneSensor"的属性"SensedPart"和组件"Detacher"的属性"Child"。

该操作表示当"diAttach"变为 High（1）时，"Detacher"因"LogicGate［Not］"把输入信号"InputA"置反而没有触发，即不会拆卸对象；当"diAttach"变为 Low（0）时，"Detacher"因"LogicGate［Not］"把信号"InputA"置反而被触发，即开始拆卸物体。

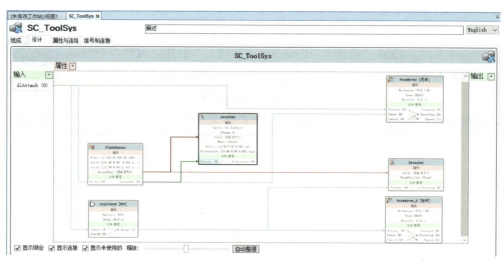

图 4-30 取放功能信号和属性设计

以上"设计"表示：

1）当"diAttach"变为 High（1）时，夹爪工具开始闭合，平面传感器被激活；当平面传感器检测到物体时，夹爪暂停动作，同时夹持该物体。

2）当"diAttach"变为 Low（0）时，夹爪工具松开物体，夹爪开始张开。

任务 3　创建工业机器人信号和设置工作站逻辑

任务分析

工业机器人工作站虚拟仿真系统由工业机器人系统、夹爪系统、传送带系统等组成，这些系统的功能是通过 Smart 子组件实现的，如图 4-31 所示。工作站逻辑主要设置实现不同功

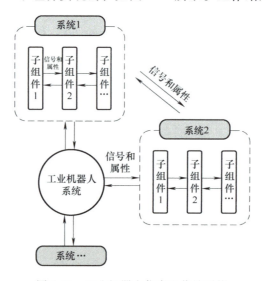

图 4-31　工业机器人仿真工作站系统

能的 Smart 子组件之间的信号和属性关系,工业机器人系统是通过 I/O 信号与外围系统建立通信的。本任务主要是创建工业机器人 I/O 信号和设置工作站逻辑。

任务实施

1. 配置 ABB 标准 I/O 板

1)在"控制器"功能选项卡下,单击"配置",选择"I/O System",如图 4-32 所示。

图 4-32 打开"I/O System"

2)在弹出的"配置-I/O System"窗口中,右键单击"类型"中的"DeviceNet Device",单击"新建 DeviceNet Device..." ,如图 4-33 所示。

图 4-33 新建 DeviceNet Device

3)配置 I/O 板参数。在"实例编辑器"窗口中,配置 I/O 板参数,如图 4-34 所示,配置完成,重启控制器。

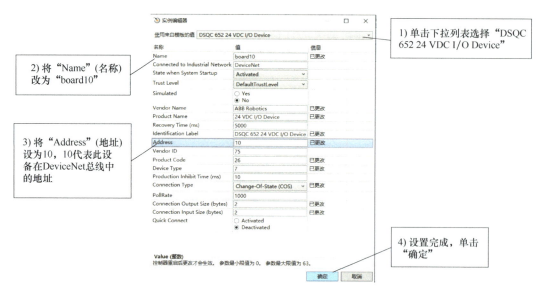

图 4-34　配置 I/O 板参数

创建工业机器人 IO 信号

2. 创建工业机器人 I/O 信号

1）右键单击"类型"中的"Signal",单击"新建 Signal…",如图 4-35 所示。

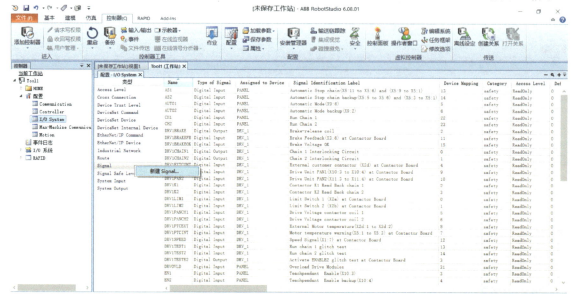

图 4-35　新建 Signal

2）设置工业机器人信号参数,如图 4-36 所示,配置完成,重启控制器。

3. 设置工作站逻辑

1）在"仿真"功能选项卡中打开"工作站逻辑",单击"设计",如图 4-37 所示。

设置工作站逻辑

项目4 工业机器人搬运工作站虚拟仿真

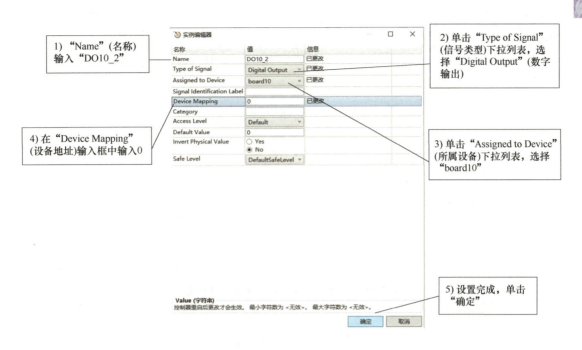

图 4-36 设置信号参数

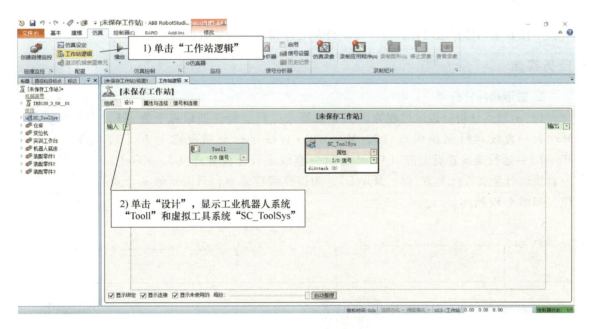

图 4-37 打开"工作站逻辑"

2）单击"Tool1"系统组件，选择刚创建的数字输出信号"DO10_2"。

3）连接"Tool1"的输出信号"DO10_2"和"SC_ToolSys"的输入信号"diAttach"，如图4-38所示，表示"Tool1"向"SC_ToolSys"发送夹爪工具开合和取放信号。

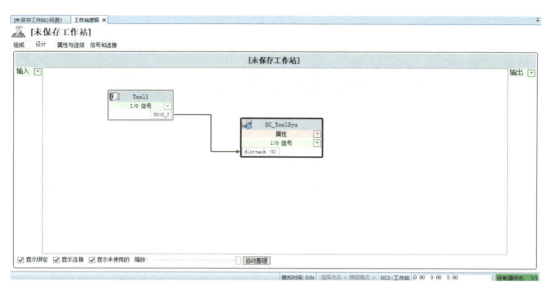

图 4-38 连接工业机器人系统和工具系统

任务 4 创建搬运路径

任务分析

本任务是创建搬运路径,将一个工件从仓库搬运至变位机夹具台。

任务实施

1. 搬运路径分析

1) 示教点分析。搬运过程为:工业机器人工具运行至抓取点上方(1,MoveJ)→直线运行至抓取点(2,MoveL)→直线运行至抓取点上方(3,MoveL)→运行至放置点上方(4,MoveJ)→直线运行至放置点(5,MoveL)→直线运行至放置点上方(6,MoveL),为提高编程效率,只需示教 4 个点位,如图 4-39 所示。

工业机器人搬运路径

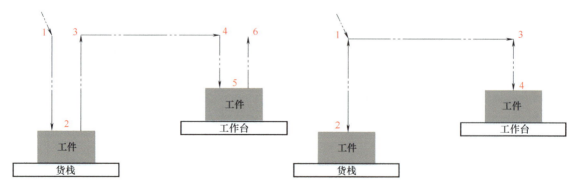

图 4-39 搬运路径和点位

2）运动指令参数分析。

① 靠近和离开抓取点或放置点时，运动指令应采用直线运动 MoveL，以避免发生碰撞。

② 对于其余路径，运动指令可以采用关节运动 MoveJ。

③ 靠近和离开抓取点或放置点时，工业机器人运行速度应缓慢。

④ 靠近抓取点和放置点时，Zone 参数应设为 fine，以避免提前夹或放工件。

2. 设置初始参数

在"基本"功能选项卡下设置初始参数，如图 4-40 所示。

图 4-40　设置初始参数

3. 工件抓取手动示教

1）创建"空路径"，单击"示教指令"，示教第 1 条运动指令，如图 4-41 所示。

工件抓取
手动示教

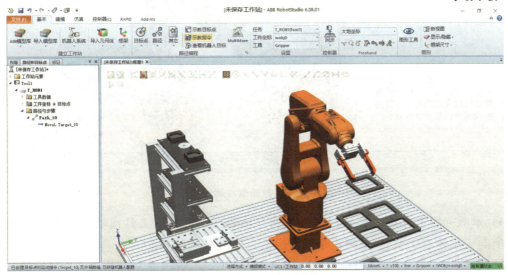

图 4-41　示教第 1 条运动指令

2）示教过渡点。使用"机械手动关节"，为搬运路径设置过渡点，如图4-42所示。

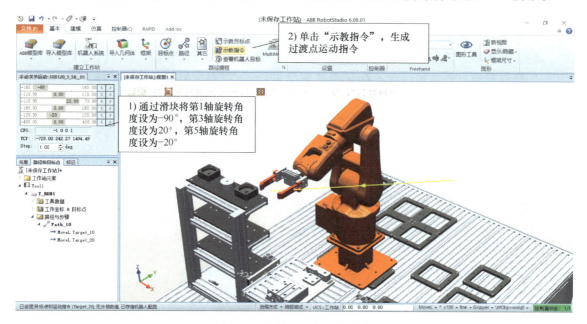

图4-42 示教过渡点运动指令

3）示教抓取点。通过"手动线性"功能示教工件抓取点，如图4-43所示。

图4-43 示教抓取点运动指令

4）示教抓取上方点。沿Z轴向上拖动坐标箭头，将夹爪工具拖动至抓取位置的正上方，单击"示教指令"，生成第4条运动指令，如图4-44所示。

5）调整运动指令顺序。在"Path_10"中，左键选中第4条运动指令并按住不放，将其拖至第2条运动指令之后，如图4-45所示。

项目4 工业机器人搬运工作站虚拟仿真

图 4-44 示教抓取位置上方点运动指令

6）插入逻辑指令。

在"Path_10"中，右键单击抓取点运动指令"MoveL Target_30"，选择"插入逻辑指令"，设置"Set""WaitTime"参数，如图 4-46 所示。

7）将指令"MoveL Target_30"复制到指令"WaitTime 2"之后，工具返回抓取点上方。

4. 仿真验证

1）同时选中"Path_10"前 3 条运动指令并右键单击，选择"编辑指令"，如图 4-47 所示。

2）在弹出的"编辑指令"窗口中，"动作类型"选择"Joint"，如图 4-48 所示，设置完成，单击"应用"→"关闭"。

图 4-45 调整运动指令位置

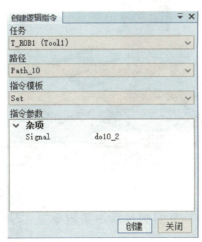

a) 设置Set参考

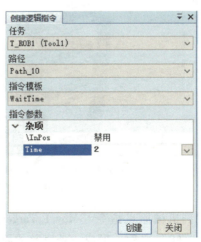

b) 设置WaitTime参考

图 4-46 设置指令参数

图 4-47 编辑指令

图 4-48 编辑运动指令参数

3）仿真运行，观察运行效果。

5．工件放置手动示教

1）与工件抓取点的示教方法相同，依次示教工件放置点、工件放置位置上方点、调整运动指令的位置、插入逻辑指令，完成后如图 4-49 所示。

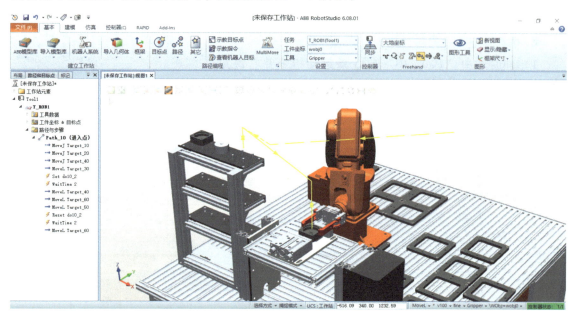

图 4-49 示教放置工件点与指令

2）将回到机械原点指令"MoveL Target_10"复制到最后一条指令"MoveL Target_60"之后，形成一条完整的路径。

3）将"SC_ToolSys"系统的信号和属性恢复初始状态，如图 4-50 所示。

工件放置
手动示教

项目4 工业机器人搬运工作站虚拟仿真

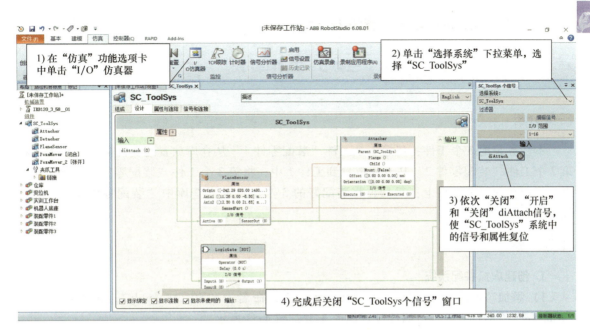

图4-50 信号和属性复位

4）将"装配零件1"按照坐标 [-916, 287, 1408, 180, 0, 0] 设置回初始位置, 工业机器人返回机械原点。

6. 优化路径和仿真运行

1）将"Path_10"中"MoveL Target_60"指令的"动作类型"设置为关节运动"Joint"。

2）设置"Path_10"运动指令的参数, 如图4-51所示。

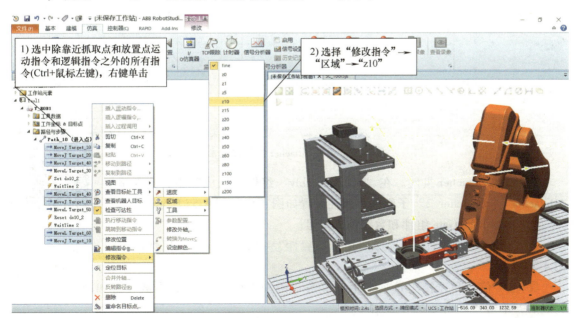

图4-51 设置区域半径

3)设置完成,仿真运行,观察运行效果。

任务 5　工 件 装 配

任务分析

本任务装配 3 个工件:将第 1 个工件"装配零件 1"从仓库放置到变位机夹具台上;将第 2 个工件"装配零件 2"从仓库放置到工件 1 中;将第 3 个工件"装配零件 3"从仓库取出,倒扣在前两个工件上;最后,将装配好的 3 个工件放回仓库中"装配零件 1"的初始位置。

任务实施

1. 创建虚拟装配系统

1)添加"Attacher"组件。添加 Smart 组件,命名为"SC_Assembly";再添加子组件"Attacher""Attacher_2",属性设置如图 4-52、图 4-53 所示。

图 4-52　设置 Attacher 组件属性参数

创建虚拟
装配系统

2)添加 Detacher 组件。在"SC_Assembly"组件"组成"中,分别添加"Detacher""Detacher_2"子组件;属性设置如图 4-54、图 4-55 所示。

3)添加 LogicGate 组件和数字输入信号。

① 单击"添加组件",选择"信号和属性"→"LogicGate",属性设置如图 4-56 所示。

② 在"信号和连接"选项卡下,单击"添加 I/O Signals",参数设置如图 4-57 所示,完成后,单击"确定"。

4)连接属性和信号。单击"设计"选项卡,连接不同的属性和信号,如图 4-58 所示。

项目4 工业机器人搬运工作站虚拟仿真

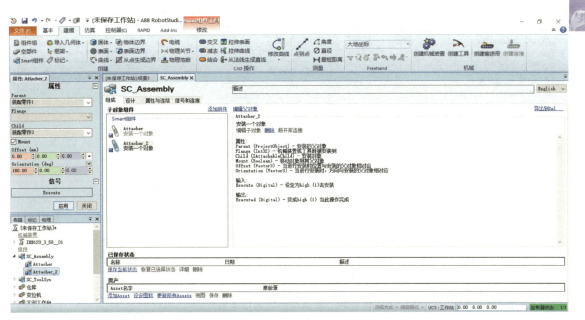

图 4-53 设置 Attacher_2 组件属性参数

图 4-54 设置 Detacher 组件属性参数

图 4-55 设置 Detacher_2 组件属性参数

图 4-56 设置 LogicGate 组件属性参数

图 4-57 设置信号参数

① 连接输入信号"diAssembly"和子组件"Attacher"的输入信号"Execute",表示通过"diAttach"来触发"Attacher"。

② 连接输入信号"diAssembly"和子组件"Attacher_2"的输入信号"Execute"。

③ 连接输入信号"diAssembly"和子组件"LogicGate [Not]"的输入信号"InputA",

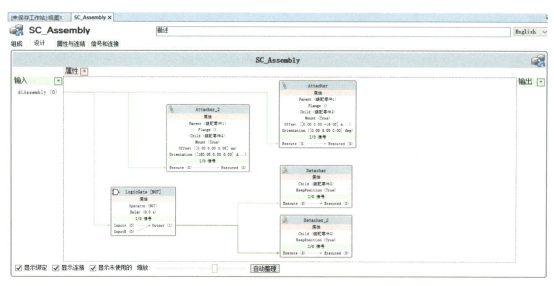

图 4-58　连接不同的属性和信号

表示将输入信号"diAssembly"置反。

④ 连接"LogicGate［Not］"的输出信号"OutPut"和子组件"Detacher"的输入信号"Execute",表示通过"OutPut"来触发"Detacher"。

⑤ 连接"LogicGate［Not］"的输出信号"OutPut"和子组件"Detacher_2"的输入信号"Execute"。

整个"设计"表示:当"diAssembly"变为 High（1）时,同时将"装配零件2"和"装配零件3"安装在"装配零件1"上,而拆除功能因"LogicGate［Not］"把输入信号"InputA"置反而没有触发。

当"diAssembly"变为 Low（0）时,安装功能解除,并同时将"装配零件2"和"装配零件3"从"装配零件1"上拆除,但保持当前位置。

2. 设定工作站逻辑

1）创建工业机器人信号。创建数字输出信号"DO10_6",控制创建的虚拟工件装配系统,参数设置如图 4-59 所示,单击"确定",重启控制器。

2）工作站逻辑设定。在"仿真"功能选项卡下,单击"工作站逻辑",单击"设计","Tool1"的输出信号"DO10_6"与"SC_Assembly"的输入信号"diAssem-

图 4-59　设置信号参数

bly"连接，如图 4-60 所示。

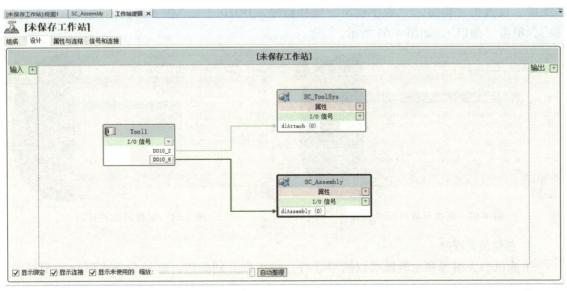

图 4-60　设置工作站逻辑

3. 设置虚拟示教器

1）在"控制器"功能选项卡下单击"示教器"，启动虚拟示教器，如图 4-61 所示。

图 4-61　启动虚拟示教器

2）单击摇杆左侧的白色按钮，选择"手动"模式，如图 4-62 所示。

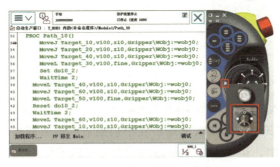

图 4-62　设置"手动"模式

3）示教目标点。

① 调整工业机器人姿态，到达目标位置。

② 在程序界面，选中要修改的示教目标点或程序语句，单击"修改位置"，修改示教点位置，如图 4-63 所示。

4）设置快捷键。进入主界面，单击"控制面板"→"配置可编程按键"，将按键1的"类型"设置为"输出"，"数字输出"选择信号"DO10_2"，"按下按键"动作设置为"切换"，单击"确定"，如图4-64所示。

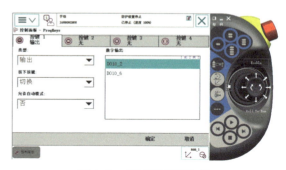

图4-63　修改示教目标点位置　　　　　　　　图4-64　配置可编程按键

4. 创建装配程序

工业机器人编程和示教既可以同步进行，也可以分别处理。本任务首先创建装配程序，然后再进行示教。

1）在虚拟示教器中，进入"程序编辑器"，然后新建例行程序"Banyun1"，创建第1个工件的搬运路径，如图4-65所示。

图4-65　创建例行程序"Banyun1"　　　　　　创建装配程序

相关知识

1）如前文所述，装配过程相当于将"基本搬运路径"重复了4次，因此在创建完第1条路径之后，可以将其再复制3次，然后在个别细节处再做调整。

2）在虚拟示教器中，运动指令中目标点的名称可以不用定义，而用" * "代替，这样就避免了程序复制过程中的目标点名称修改问题。

2）创建第1条搬运路径。

① 第1个工件的抓取程序如图4-66所示，5句程序功能依次为：到达抓取点上方→抓取点→触发信号"DO10_2"→等待2s→回到抓取点上方。

② 第1个工件的抓取程序与放置程序除1句逻辑指令外，其余语句完全相同（语句表

达形式相同，仅目标点不同），可以整块复制，更改逻辑指令"set"为"reset"即可，如图 4-67 所示。

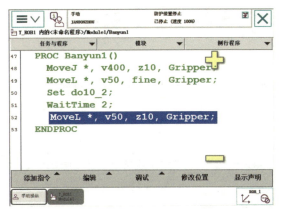

图 4-66 第 1 个工件的抓取程序

图 4-67 第 1 个工件的搬运路径

3）复制例行程序。可通过"文件"→"复制例行程序…"，将程序"Banyun1"复制 3 次，如图 4-68 和图 4-69 所示。

图 4-68 复制例行程序"Banyun1"

图 4-69 例行程序列表

4）调整例行程序。打开例行程序"Banyun4"，添加逻辑指令"Set DO10_6"和"Reset DO10_6"，如图 4-70 所示，因为 3 个工件放置好后，还需要使 3 个工件安装在一起和拆除，以便于整体搬运和后续复位。

5）调用子函数

① 打开例行程序"main"，添加两条"MoveAbsJ"指令，分别对应工业机器人的机械原点"pHome"和装配路径过渡点"pTrans"，如图 4-71 所示。

② 单击"调试"→"查看值"，设置

图 4-70 装配体搬运路径

"pHome"和"pTrans"六个关节轴的角度,"pHome"角度值为[0,0,0,0,30,0],"pTrans"角度值为[-90,0,20,0,-20,0]。

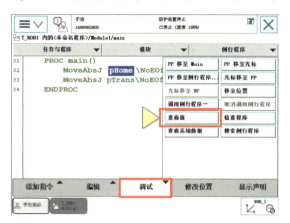 

图 4-71 设置目标点关节数据

③ 单击"添加指令"→"Procall(调用函数)",逐次调用 4 个搬运子函数,如图 4-72 所示。

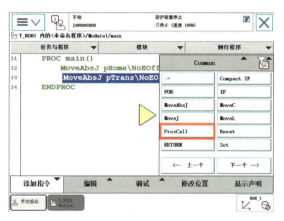 

图 4-72 调用子函数

④ 将前两句指令反序复制到程序最下方,使工业机器人装配完成后返回机械原点,主函数和程序如图 4-73 所示。

5. 装配路径示教

1)每条搬运路径需要 4 个示教点,4 条搬运路径共需要 16 个示教点;第 4 条搬运路径实际是第 1 条搬运路径的逆过程,所以只需要示教 12 个点。

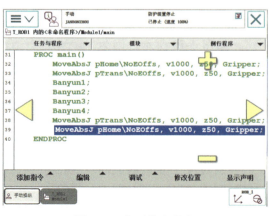

图 4-73 主函数和程序

装配路径示教(1)

2)示教第1条和第4条搬运路径。可以利用"任务4"中"Path_10"的一系列目标点,对虚拟示教器中的目标点进行示教。

① 在"路径和目标点"浏览器下,单击"工件坐标 & 目标点"→"wobj0"→"wobj0_of",然后右键单击第1个工件抓取位置的上方点"Target_40",并选择"跳转到目标点",工业机器人会移动到指定目标点,如图4-74所示。

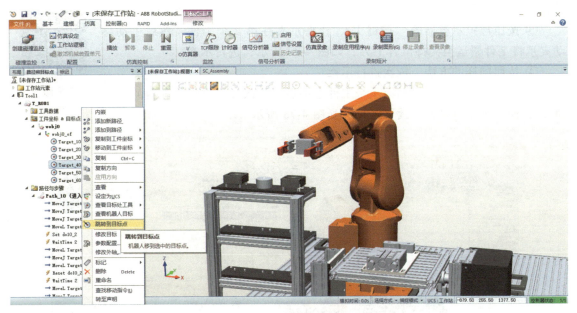

图 4-74 跳转到目标点

② 打开虚拟示教器,确认将工业机器人状态钥匙转至中间"手动"状态,然后进入"程序编辑器",分别对第1个工件抓取位置的上方点和3个工件装配体放置位置的上方点进行示教,两者为同一目标点,如图4-75所示。

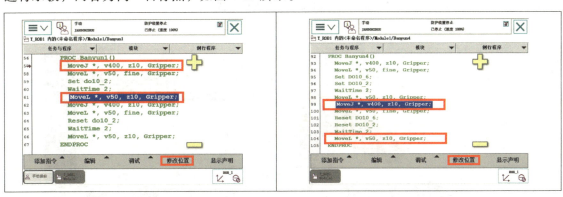

a) 第1条搬运路径 b) 第4条搬运路径

图 4-75 示教目标点

③ 可重复步骤①和②,示教第1条和第4条搬运路径的其他目标点。

④ 在"仿真"功能选项卡下单击"播放"按钮,运行"Path_10";工业机器人搬运路径完成后,单击"停止"按钮,但不要单击"重置",将第1个工件保留在变位机夹具

台上。

3）示教第 2 条搬运路径。

① 在"基本"功能选项卡下，从 Freehand 工具栏中选中"手动线性"，然后手动移动夹爪工具进行示教。

② 将夹爪工具移动至第 2 个工件的夹持位置，然后选中对应程序语句或目标点进行示教，如图 4-76 所示。

③ 按压虚拟示教器的"按键 1"，让夹爪夹住第 2 个工件，然后手动移动夹爪将工件搬运至夹持位置上方，如图 4-77 所示，进行示教。

④ 按照同样的方法，依次进行示教。

⑤ 将第 2 个工件放置到第 1 个工件之中后，再次按压虚拟示教器的"按键 1"，使夹爪工具张开，放开工件，如图 4-78 所示。

装配路径示教（2）

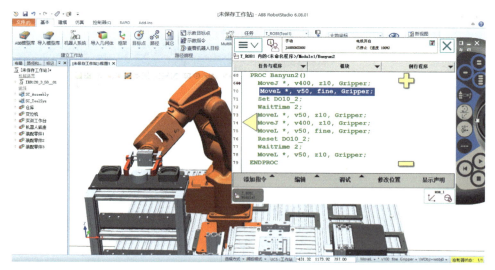

图 4-76　示教第 2 个工件夹持位置

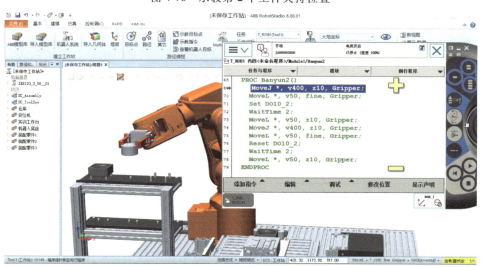

图 4-77　示教第 2 个工件夹持位置的上方点

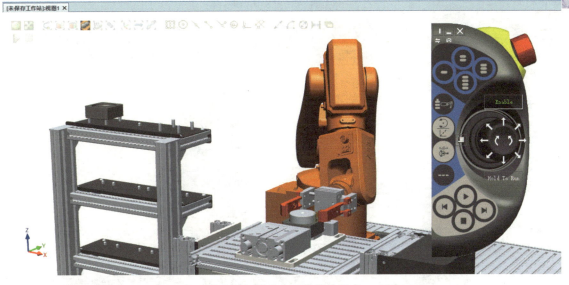

图 4-78　第 2 个工件的放置点

4）示教第 3 条搬运路径。

① 采用步骤 3）的方式依次进行示教。

② 示教第 3 个工件的抓取点时，夹爪工具的夹持位置应适当向下，如图 4-79 所示，以便传感器检测到工件。

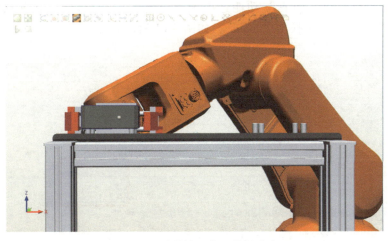

装配路径
示教（3）

图 4-79　示教第 3 个工件抓取点

③ 将第 3 个工件移动至放置点上方时，在左侧"布局"浏览器中右键单击工业机器人，在弹出的菜单中选择"机械装置手动关节"，然后利用滑块把第 6 轴的旋转角度增加 180°，使工件反扣，如图 4-80 所示。

④ 示教完成后，关闭"手动关节运动"窗口。

6. 仿真运行

1）工业机器人和工件复位。

① 使工业机器人回到机械原点。

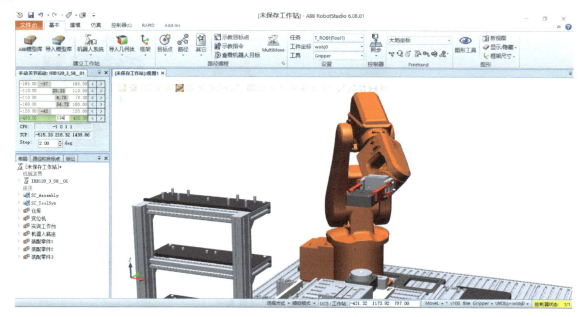

图 4-80　将第 3 个工件反扣

② 将工件"装配零件 1""装配零件 2"和"装配零件 3"分别按照坐标［-916，287，1408，180，0，0］、［-1029，287，1399，180，0，0］和［-1142，287，1408，180，0，0］回到初始位置。

2）更改进入点。在"仿真"功能选项卡下单击"仿真设定",在弹出的窗口中,将"进入点"从"Path_10"更换为"main",如图 4-81 所示,然后单击"关闭"。

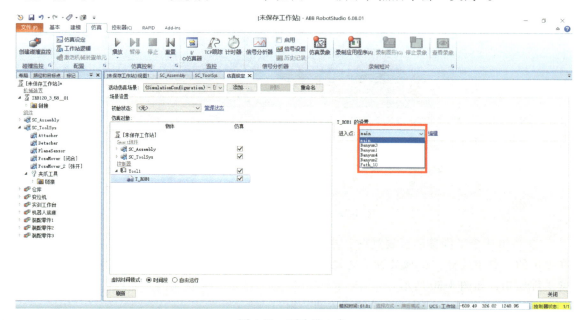

图 4-81　更改进入点

3）单击"播放"按钮,观察整个运行过程,装配路径最终运行效果如图 4-82 所示。

项目4 工业机器人搬运工作站虚拟仿真

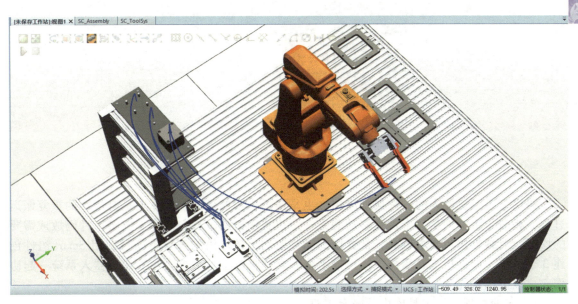

图 4-82 装配路径最终运行效果

课 后 练 习

1. 创建夹爪工具,名称为"Grip",如图 4-83 所示。要求此夹爪工具能够代替"Gripper"实现搬运和装配任务。具体参数根据工作需要自行设置。

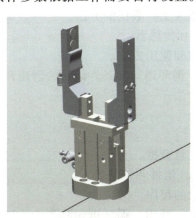

图 4-83 练习 1 图

2. 使用工具"Grip"实现搬运装配任务并录制视图文件。

项目5 工业机器人码垛工作站虚拟仿真

码垛是工业机器人的一种典型应用,也是搬运应用的延伸,实际上是有规律的重复搬运过程。相对于将工件从一个位置移动到另一个位置的搬运过程,码垛需要将工件码放成需要的垛型,对编程技巧要求较高,常要用到循环语句、条件语句等。本项目利用 Smart 组件创建 3 个系统,即夹爪工具系统、输送带系统和真空吸盘工具系统,与工业机器人系统一起协作完成以下码垛任务。

1)工业机器人取工具库中的吸盘工具。
2)输送带不断地输送工件,工件到达输送带末端停止后,等待工业机器人抓取。
3)工业机器人收到抓取信号后,抓取工件,并将其放置在棋盘上的指定位置。
4)重复取放 6 个工件,完成码垛任务。
5)工业机器人将吸盘工具放回工具库。

知识目标

1)掌握直接创建工业机器人工具数据的方法。
2)了解常见的 Smart 组件和传感器。
3)了解带参数程序的创建和使用方法。
4)掌握 Offs 函数、数组、循环语句和条件语句的创建和使用方法。
5)掌握码垛程序的创建方法。

技能目标

1)能够创建工业机器人工具数据。
2)能够熟练使用常见 Smart 组件和传感器。
3)能够创建和使用带参数的程序。
4)能够灵活运用 Offs 函数、数组、循环语句和条件语句。
5)能够根据需要创建相应的码垛程序。

任务 1 创建虚拟夹爪工具系统

创建虚拟夹爪工具系统

任务分析

本任务使用 Smart 组件创建虚拟夹爪工具系统,实现抓取和放置真空吸盘工具动态效果。

项目5 工业机器人码垛工作站虚拟仿真

任务实施

1. 创建工业机器人码垛工作站

1）码垛工作站用到的真空吸盘工具、输送带、工具库及棋盘如图 5-1 所示。

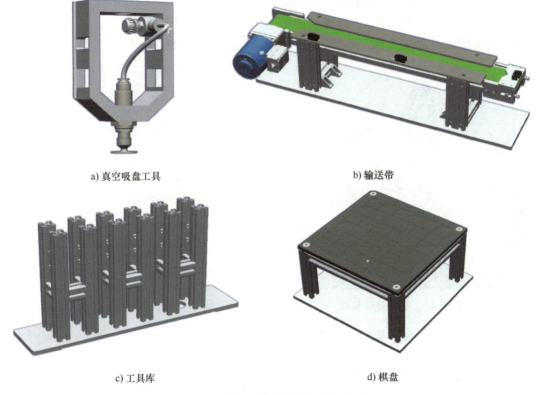

a) 真空吸盘工具　　　　　　　　b) 输送带

c) 工具库　　　　　　　　d) 棋盘

图 5-1　码垛工作站用到的部分模型

2）创建一个空工作站，导入表 5-1 所列模块，并按照表中给定坐标位置设定各模块位置，将"示教棋子"设置为不可由传感器检测。

表 5-1　码垛工作站各模块的坐标位置

模块	坐标位置
实训平台	[0,0,0,0,0,0]
ABB IRB120 工业机器人	[-729,777,972,0,0,0]
机器人底座	[-729,777,960,90,0,90]
真空吸盘工具	[-383,908.5,987.5,-90,0,90]
输送带	[-134,523,837,180,0,90]
棋盘	[-907,1378.5,968,0,0,180]
工具库	[-399,777,812,90,0,0]
棋子	[-189,410.5,993.5,0,0,0]
示教棋子	[-189,802.66,993.5,0,0,0]

3）单击"导入模型库"，在下拉列表中选择"浏览库文件"，从指定文件夹中导入已创

建好的"夹爪工具",将其安装到工业机器人上。

4)创建工业机器人系统,并将系统名称改为"StackSystem"。

5)搭建好的码垛工作站整体效果如图5-2所示。

2. 拆除和安装工具

1)创建Smart组件,重命名为"SC_Jiazhua"。

2)右键单击"夹爪工具",选择"拆除",保持夹爪位置不动。

3)左键按住"夹爪工具"不放,将其拖入Smart组件"SC_Jiazhua",如图5-3所示。

图5-2 码垛工作站整体效果

图5-3 将"夹爪工具"拖入"SC_Jiazhua"组件

4)设置"夹爪工具"属性,如图5-4所示。

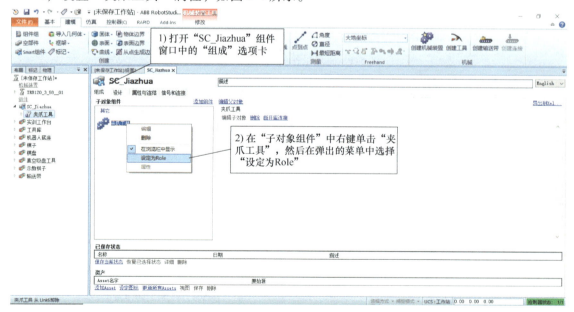

图5-4 将夹爪工具设定为Role

5)在"布局"中,将"SC_Jiazhua"虚拟工具系统安装至工业机器人,不更新位置,替换原有工具数据,如图5-5所示。

图 5-5 将"SC_Jiazhua"安装至工业机器人

3. 添加工具姿态

1)在"布局"中右键单击"夹爪工具",选择"修改机械装置",在弹出的"修改机械装置"对话框中,单击"添加",可设置夹爪工具姿态,如图 5-6、图 5-7 所示。

图 5-6 修改机械装置

图 5-7 添加姿态

2)添加"闭合""张开"两个姿态,如图 5-8 所示,完成后,单击"应用"。

a) 闭合姿态

b) 张开姿态

图 5-8 设置夹爪工具姿态

3）单击"创建机械装置"对话框下方的"设置转换时间",将"张开"与"闭合"之间的转换时间设为2s,如图5-9所示,完成后,单击"确定",并关闭"修改机械装置"对话框。

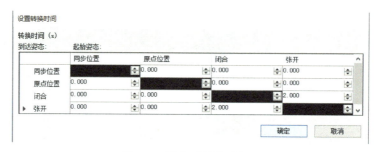

图 5-9 设置"转换时间"

4. 添加 Smart 组件和信号

1）添加姿态组件。

① 在"SC_Jiazhua"组件窗口的"组成"选项卡下,单击"添加组件",选择"本体"→"PoseMover",设置"属性",如图 5-10 所示。

② 采用同样的方式,创建第 2 个 PoseMover 组件,将"Mechanism"设为"夹爪工具","Pose"设为"张开",动作持续时间设为 2s,完成后,单击"应用"→"关闭"。

2）添加逻辑运算组件。单击"添加组件",选择"信号和属性"→"LogicGate",将"Operator(运算符)"设置为"Not(非)"。

3）添加安装和拆除组件。

① 单击"添加组件",选择"动作"→"Attacher",设置"属性",如图 5-11 所示。

② 采用同样的方式,单击"添加组件",选择"动作"→"Detacher",设置"属性",如图 5-12 所示。

图 5-10 设置 PoseMover 属性

图 5-11 设置 Attacher 属性

图 5-12 设置 Detacher 属性

4）添加信号。在"SC_Jiazhua"组件窗口的"信号和连接"选项卡下，单击"添加 I/O Signals"，将"信号类型"设为"DigitalInput"（数字输入）、"信号名称"设为"diAttach"，如图 5-13 所示。

5. 设计属性和信号连接

1）单击"设计"选项卡，各信号连接如图 5-14 所示。

图 5-13　创建数字输入信号

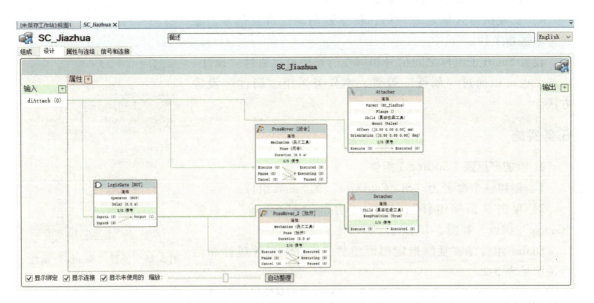

图 5-14　SC_Jiazhua 组件系统属性和信号设计

2）实现夹爪工具开合功能。

① 连接输入信号"diAttach"和子组件"PoseMover［闭合］"的输入信号"Execute"，表示通过"diAttach"来触发"PoseMover［闭合］"。

② 连接输入信号"diAttach"和子组件"LogicGate［Not］"的输入信号"InputA"，表示将输入信号"diAttach"置反。

③ 连接"LogicGate［Not］"的输出信号"OutPut"和子组件"PoseMover_2［张开］"的输入信号"Execute"，表示通过"OutPut"来触发"PoseMover_2［张开］"。

3）实现夹爪工具取放功能。

① 连接输入信号"diAttach"和子组件"Attacher"的输入信号"Execute"，通过"diAttach"来触发"Attacher"。

② 连接输入信号"diAttach"和子组件"LogicGate［Not］"的输入信号"InputA"，将输入信号"diAttach"置反。

③ 连接"LogicGate［Not］"的输出信号"OutPut"和子组件"Detacher"的输入信号"Execute"，通过"OutPut"来触发"Detacher"。

任务 2　创建虚拟输送带系统

任务分析

本任务利用 Smart 组件完成输送带的以下功能：

1）不断输送工件，供工业机器人抓取和码垛。
2）输送带末端传感器检测到工件，工件停止运动。
3）传感器向工业机器人发出工件到位信号。
4）工业机器人取走工件后，传感器向输送带发信号，输送带输送新工件。

设置 Smart 子组件之间信号和属性的连接可以通过"设计"连线，也可以通过"属性"设置，本任务采用"属性"设置方法。

任务实施

1. 添加产品源（Source）组件

1）创建一个命名为"SC_Conveyor"的 Smart 组件。
2）单击"添加组件"，选择"动作"→"Source"，设置"Sourse"属性，如图 5-15 所示。

Source 组件能够复制指定图形组件，Source 组件属性和信号说明见表 5-2。

图 5-15　设置"Source"属性

表 5-2　Source 组件属性和信号说明

属性	说明
Source（源对象）	要复制的对象
Copy（复制品）	复制生成的对象
Parent（父对象）	指定要复制的父对象
Position（位置）	指定复制品相对于其父对象的位置
Orientation（方向）	指定复制品相对于其父对象的方向
Transient（临时标记）	在临时仿真过程中对已创建的复制对象进行标记，以防止发生内存错误
PhysicsBehavior（物理特性）	指定复制品的物理行为

信号	说明
Execute（执行）	当该信号为 High（1）时，创建一个复制品
Executed（已执行）	操作完成时发出脉冲

2. 添加队列和线性移动组件

1）单击"添加组件"，选择"其他"→"Queue"，"属性"采用默认设置。

相关知识

　　Queue 组件可以对一组同类型的对象进行操作，其按照"先进先出（first in, first out）"原则运行。当 Enqueue 被触发时，Back（后端）的对象进入队列；当 Dequeue 被触发时，Front（前端）的对象被移除。

Queue 组件属性和信号说明，见表 5-3。

表 5-3　Queue 组件属性和信号说明

属性	说明
Back(后端)	设定进入队列的对象
Front(前端)	设定队列中的第一个对象
NumberOfObjects(对象数量)	设定队列中对象的数量
信号	说明
Enqueue(进入队列)	将后端对象添加至队列末尾
Dequeue(离开队列)	将队列前端的对象移除
Clear(清除)	将队列中所有对象移除
Delete(删除)	将队列前端的对象移除并将其从工作站中删除
DeleteAll(删除所有)	清空队列并将所有对象从工作站中删除

　　2）单击"添加组件"，选择"本体"→"LinearMover"，设置"LinearMover"属性，如图 5-16 所示。

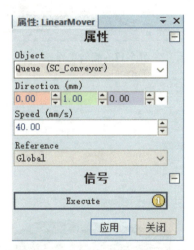

图 5-16　设置"LinearMover"属性

LinearMover 组件可以使对象沿指定方向线性移动，其属性和信号说明见表 5-4。

表 5-4　LinearMover 组件属性和信号说明

属性	说明
Object(对象)	设定要移动的对象
Direction(方向)	设定要移动对象的方向
Speed(速度)	设定线性移动的速度
Reference(参考坐标系)	设定参考坐标系
信号	说明
Execute(执行)	将该信号设为 High(1)时,开始使对象移动；设为 Low(0)时,使对象停止移动

3. 添加输送带限位传感器

1）单击"添加组件"，选择"传感器"→"LineSensor"，切换至视图窗口，如图 5-17 所示，放大输送带中部传感器，设置 LineSensor 的起点和终点，如图 5-18 所示。

添加 Smart 组件和信号（1）

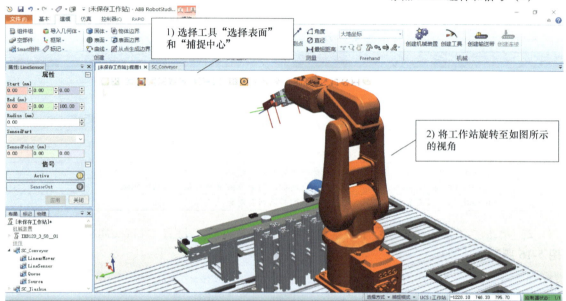

图 5-17 旋转工作站

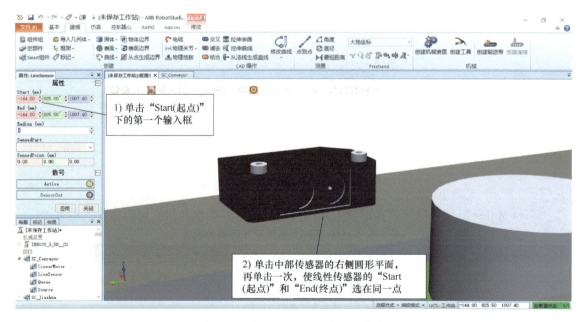

图 5-18 设置 LineSensor 起点和终点

2）设置"LineSensor"属性，如图 5-19 所示，设置完成，单击"应用"→"关闭"，在传感器模型上出现一个黄色圆柱体，即为创建好的 LineSensor。

项目5 工业机器人码垛工作站虚拟仿真

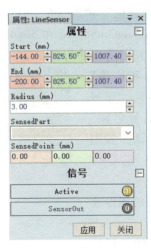

图 5-19 设置"LineSensor"属性

3）在"布局"中右键单击"输送带"，取消"可由传感器检测"，避免传感器检测到输送带。

LineSensor 组件可以借助设定的感应线段来检测对象，其属性和信号说明见表 5-5。

表 5-5 LineSensor 组件属性和信号说明

属性	说明
Start(起点)	设定传感器起始点
End(终点)	设定传感器结束点
Radius(半径)	设定传感器感应半径
SensedPart	与 LineSensor 相交的对象。如果 LineSensor 与多个对象相交,则会选择和显示距起始点最近的对象
SensedPoint	LineSensor 与对象相交的点,距离起始点最近
信号	说明
Active(激活)	设定 LineSensor 是否激活
SensorOut	当传感器检测到或接触到对象时,为 High(1)

4. 添加逻辑和仿真事件组件

1）单击"添加组件"，选择"信号和属性"→"LogicGate"，"属性"窗口中，将"Operator"（运算符）设置为"Not"（非），其他参数保持默认。

2）采用同样方法，添加"LogicSRLatch"组件，"属性"保持默认。

LogicSRLatch 组件具有置位、复位和锁定功能，LogicSRLatch 组件信号说明见表 5-6。

表 5-6 LogicSRLatch 组件信号说明

信号	说明
Set(置位)	置位
Reset(复位)	复位
Output(输出)	输出信号
InvOutput(输出置反)	将输出信号置反

3）单击"添加组件"，选择"其他"→"SimulationEvents"，"属性"无需设置；SimulationEvents组件有两个输出信号：SimulationStarted 和 SimulationStopped，前者为仿真开始时发出的脉冲信号，后者为仿真停止时发出的脉冲信号。

4）添加输出信号。在"信号和连接"选项卡下，单击"添加 I/O Signals"，"信号类型"设为"DigitalOutput"，"信号名称"设为"doInPos"，其他参数保持默认，如图5-20所示。

5. 设置属性与连结

下面设置 Source 与 Queue 之间的属性连结。

1）单击"SC_Conveyor"组件的"属性与连结"选项卡，单击"添加连结"，如图5-21所示。

图 5-20 创建数字输出信号

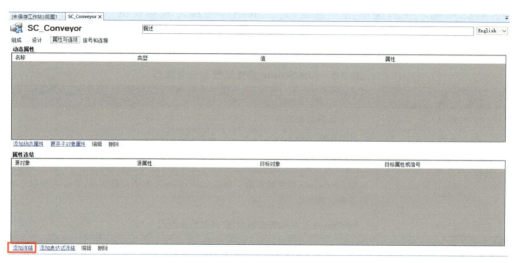

图 5-21 添加连结

2）添加连结。

① 在弹出的"添加连结"窗口中，按图5-22a所示进行设置。

② 图5-22a中的设置相当于图5-22b中的连线，Source组件产生复制品后，将复制品设定为下一个进入队列的对象。

添加 Smart 组件和信号（2）

a) 属性连结

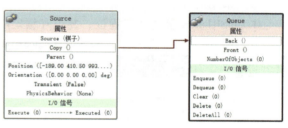

b) 连线设计

图 5-22 设置 Source 与 Queue 组件的属性连结

6. 设置信号和连接

1）设置 SimulationEvents 与 LogicSRLatch 信号连接。

① 单击"信号和连接"选项卡，单击"添加 I/O Connection"，如图 5-23 所示。

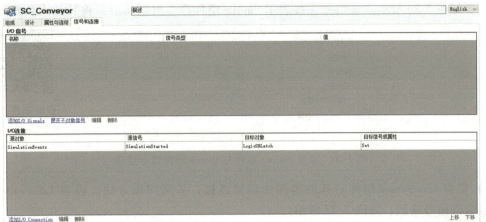

图 5-23　添加 I/O Connection

② 设置 SimulationEvents 与 LogicSRLatch 组件的信号连接，如图 5-24 所示。

添加 Smart 组件和信号（3）

SimulationEvents 与 LogicSRLatch 构成了一个与仿真按钮同步的开关，当 SimulationStarted 发出脉冲信号时，LogicSRLatch 的"Output"信号为 High（1）；当 SimulationStopped 发出脉冲信号时，LogicSRLatch 的"Output"信号为 Low（0）。采用这种方式可代替使用"I/O 仿真器"的操作。

a) 信号连接1　　　　　　　　　　　　b) 信号连接2

图 5-24　设置 SimulationEvents 与 LogicSRLatch 组件信号连接

2）设置 LogicSRLatch 组件与其他组件的信号连接。采用同样方法，设置 LogicSRLatch 与 Source、LineSensor 的信号连接，如图 5-25 所示。

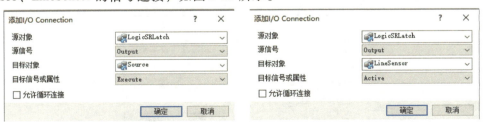

a) 与Source组件的信号连接　　　　　　　b) 与LineSensor组件的信号连接

图 5-25　设置 LogicSRLatch 与其他组件的信号连接

该信号连接表示用 LogicSRLatch 的"Output"信号触发 Source 的"Execute"信号和 LineSensor 的"Active"信号。

3）设置 Source 组件与 Queue 组件信号连接。采用同样方法，设置 Source 与 Queue 的信号连接，如图 5-26 所示。该信号连接表示 Source 组件产生复制品后，将其加入队列。

设置属性连结
和信号连接

图 5-26　设置 Source 组件与 Queue 组件信号连接

4）设置 LineSensor 组件与其他组件的信号连接。采用同样方法，设置 LineSensor 组件与其他组件信号连接，如图 5-27 所示。

a) 与 Queue 组件的信号连接　　　　　　　　b) 与输出信号的信号连接

c) 与 LogicGate 组件的信号连接

图 5-27　设置 LineSensor 组件与其他组件的信号连接

5）设置 LogicGate 组件与 Source 组件信号连接。采用同样方法，设置 LogicGate 组件与 Source 组件的信号连接，如图 5-28 所示。

图 5-28　设置 LogicGate 组件与 Source 组件信号连接

项目5 工业机器人码垛工作站虚拟仿真

6）设置完成后，"信号和连接"界面整体如图5-29所示。

图5-29 "信号和连接"界面整体

7. 添加工业机器人程序和仿真运行

1）添加工业机器人程序。为使虚拟输送带系统能够仿真运行，需要为工业机器人添加程序，如图5-30所示。

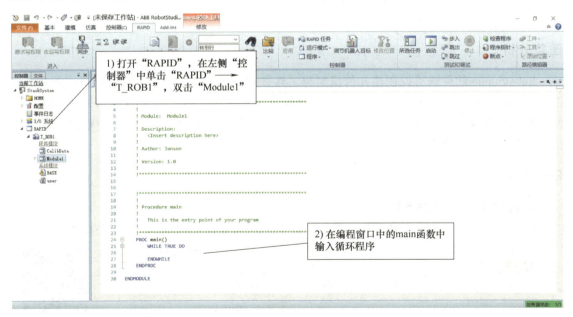

图5-30 添加工业机器人程序

2）仿真运行。

①"布局"中右键单击"棋子"，取消勾选"可见"，棋子不可见；同样方式，隐藏"示教棋子"。

②打开"仿真"，单击"播放"，观察运行情况：当棋子复制品移

仿真运行和验证

107

动至传感器处时，将其拖离传感器，则在输送带产品源端则产生另一个复制品，如图 5-31 所示。

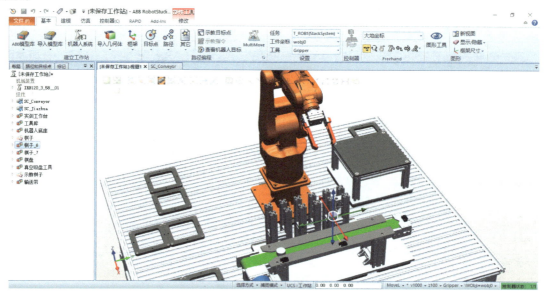

图 5-31　仿真运行

任务 3　创建虚拟真空吸盘工具系统

任务分析

RobotStudio 软件既可以创建几何模型与工具数据一体的实体工具，也可以直接创建工具数据。本任务在 RobotStudio 软件中直接创建吸盘工具数据，与吸盘工具模型同步使用，以便夹爪工具抓取吸盘工具模型，同时避开工具切换问题。本任务创建可实现吸/放功能的真空吸盘工具，不涉及姿态变换。

任务实施

1. 创建真空吸盘工具数据

1）在"基本"功能选项卡下，单击"其他"→"创建工具数据"，如图 5-32 所示。

图 5-32　创建工具数据

2)设置"创建工具数据"参数。

① 工具数据名称修改为"Xipan",设置吸盘工具的工具坐标系位置和方向,如图 5-33 所示。

② 单击"重心 x、y、z",设置重心位置参数,如图 5-34 所示,其他参数默认即可。

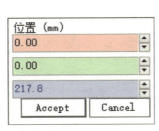

a)工具数据名称和方向设置　　b)工具数据位置设置

图 5-33　设置 TCP 位置　　　　　　　　　图 5-34　设置重心位置参数

2. 创建 Smart 组件系统

创建 Smart 组件,重命名为"SC_Xipan",将"布局"的"真空吸盘工具"模型拖入"SC_Xipan"组件,如图 5-35 所示。

图 5-35　创建"SC_Xipan"组件系统

3. 添加 Smart 组件和信号

1)添加"Attacher"(安装)组件,属性设置如图 5-36 所示。

2)添加"Detacher"(拆除)组件,属性默认即可,无需设置。

3)添加"LogicGate"逻辑运算组件,"Operator"(运算符)设置为

添加 Smart 组件和信号

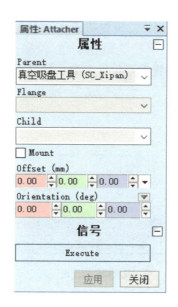

图 5-36 设置 "Attacher" 参数

"Not"（非）。

4）添加 "LineSensor" 传感器组件，将 "SC_Xipan" 窗口切换至视图窗口，调整视图，为添加传感器做准备，如图 5-37 所示。

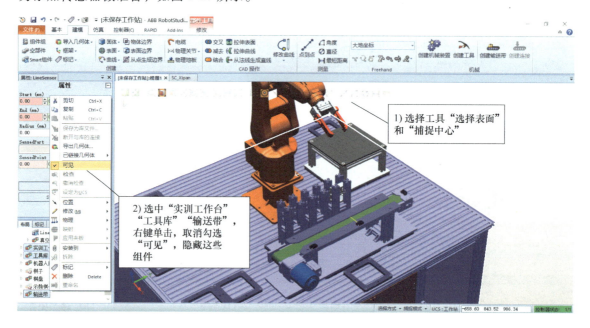

图 5-37 隐藏相关组件

5）将工作站旋转至 "真空吸盘工具" 吸盘底面视角，在 LineSensor "属性" 窗口中设置起点和终点，如图 5-38 所示。

项目5 工业机器人码垛工作站虚拟仿真

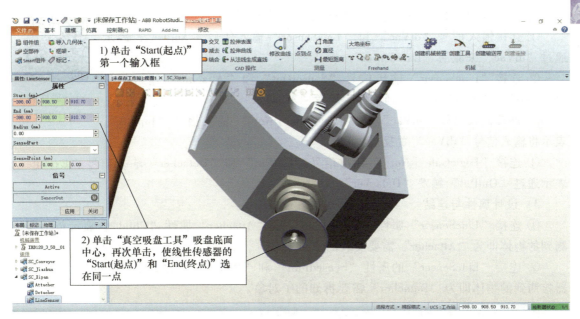

图 5-38 设置 LineSensor 起点和终点

6）设置 LineSensor 组件属性，如图 5-39 所示。

7）在"布局"中，右键单击"LineSensor"，选择"安装到"→"SC_Xipan/真空吸盘工具"，将传感器安装到真空吸盘工具，并设置真空吸盘工具不可由传感器检测。

8）在"SC_Xipan"组件窗口"信号和连接"选项卡下，单击"添加 I/O Signals"，"信号类型"设为"DigitalInput（数字输入）"，"信号名称"设为"diVac"，其他参数保持默认，如图 5-40 所示。

图 5-39 设置 LineSensor 组件属性

图 5-40 创建数字输入信号

4. 设计属性和信号连接

1）单击"SC_Xipan"组件窗口的"设计"选项卡，进入设计界面，通过连线实现真空吸盘工具的功能，如图 5-41 所示。

2)设计信号和连接。

① 连接输入信号"diVac"和"LineSensor"输入信号"Active",表示通过"diVac"来激活"LineSensor"。

② 连接"LineSensor"输出信号"SensorOut"和"Attacher"输入信号"Execute",表示传感器检测到物体后触发"Attacher"。

③ 连接输入信号"diVac"和"LogicGate[Not]"输入信号"InputA",表示将输入信号"diVac"置反。

④ 连接"LogicGate[Not]"输出信号"OutPut"和"Detacher"输入信号"Execute",表示通过"OutPut"触发"Detacher"。

设计属性和信号连接

3)设计属性与连结

① 连接"LineSensor"属性"SensedPart"和"Attacher"属性"Child",表示传感器检测到的物体即为"Attacher"需要安装的子对象。

② 连接"LineSensor"的属性"SensedPart"和"Detacher"的属性"Child",表示传感器检测到的物体即为"Detacher"需要拆卸的子对象。

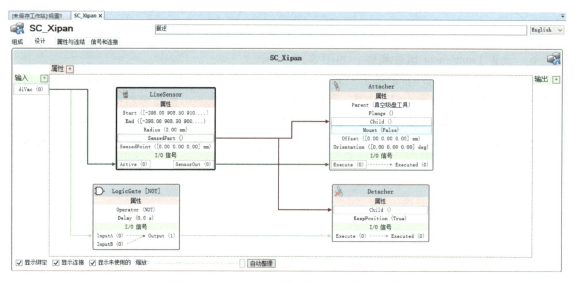

图 5-41 SC_Xipan 组件系统属性和信号设计

任务 4 创建工业机器人信号和设置工作站逻辑

任务分析

要实现工业机器人系统与其他系统之间的通信,则需要为工业机器人系统创建 I/O 信号,并设置各系统之间的属性和信号连接,即设置工作站逻辑。本任务创建 3 个工业机器人信号,以控制夹爪工具开合和取放、真空吸盘工具吸放,通过传感器获取工件到位信息;再设置夹爪工具系统、输送带系统、真空吸盘工具系统和工业机器人系统之间的属性和信号连接,以此来实现系统之间的交互。

任务实施

1. 创建工业机器人信号

1）配置 ABB 标准 I/O 板。

① 在"控制器"功能选项卡下,单击"配置"下拉箭头,选择"I/O System"。

② 在弹出的"配置-I/O System"窗口中,右键单击"类型"中的"DeviceNet Device",单击"新建 DeviceNet Device…",配置 I/O 板参数,如图 5-42 所示。设置完成,单击"确定",重启控制器。

2）创建工业机器人输入信号。右键单击"类型"中的"Signal",单击"新建 Signal…",在弹出的"实例编辑器"窗口中,设置信号参数如图 5-43 所示。设置完成,单击"确定",重启控制器。

创建工业机器人信号和设置工作站逻辑

图 5-42 配置 I/O 板参数　　　　图 5-43 设置信号 DI10_1 参数

3）创建工业机器人输出信号 DO10_2 和 DO10_3,如图 5-44 所示,DO10_2 控制夹爪工具开合和取放,DO10_3 控制真空吸盘工具吸放。

4）在"控制器"功能选项卡下,单击"重启"图标,重启控制器。

2. 设置工作站逻辑

1）在"仿真"中单击"工作站逻辑",单击"设计",显示"StackSystem"系统组件的数字信号,并连接信号,如图 5-45 所示。

2）单击"同步"下拉箭头,选择"同步到 RAPID…",将工具数据等内容同步到 RAPID。

a) 设置信号DO10_2参数   b) 设置信号DO10_3参数

图 5-44 创建工业机器人输出信号

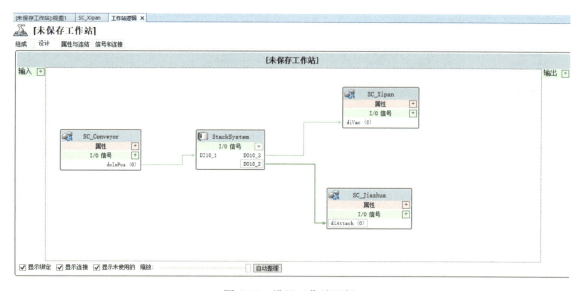

图 5-45 设置工作站逻辑

任务 5 创建工业机器人程序

任务分析

工业机器人码垛程序主要分为两部分：取放真空吸盘工具和工件码垛。程序的结构是"基本搬运路径"程序，其中码垛程序是"基本搬运路径"的拓展和复制。本任务采用带参数的程序、数组、偏移、循环语句、条件语句等优化程序，并提供了一些码垛程序范式。

任务实施

1. 创建抓放真空吸盘工具程序

采用先创建程序后示教的方式。

1）启动虚拟示教器。单击虚拟示教器摇杆左侧的白色按钮，将机器人状态设置为"手动"状态，进入"手动操纵"界面，确认工具坐标为"Gripper"，如图 5-46 所示。

2）创建带参数的程序。

① 进入"程序编辑器"，新建例行程序"rTool"，单击"例行程序声明"→"参数"→"…"按钮，为程序添加参数，如图 5-47 所示。

图 5-46 设置工具坐标

创建抓放真空吸盘工具程序

a）新建例行程序界面

b）参数项界面

图 5-47 创建例行程序

② 在例行程序参数界面，单击"添加"→"添加参数"，右侧设置参数"名称"和"数据类型"，如图 5-48 所示，单击"确定"返回"例行程序声明"界面，可见新建的例行程序。

3）创建抓放工具程序。进入例行程序"rTool"，创建如下程序：
PROC rTool(num i)
    MoveJ Offs(pGettool, 0, 0, 120), v400, z10, Gripper;　！到达真空吸盘工具正上方 120mm 处
    MoveL pGettool, v50, fine, Gripper;　！到达真空吸盘工具抓取点/放置点 pGettool
    IF i = 0 THEN　！如果参数 i 为 0，闭合夹爪；否则，张开夹爪
        Set DO10_2;
    ELSE

　　　　Reset DO10_2；
　ENDIF
　WaitTime 2；　！等待2s
　MoveL Offs（pGettool，0，0，120），v50，z10，Gripper；　！回到真空吸盘工具正上方120mm处
ENDPROC

Offs（Point，XOffset，YOffset，ZOffset）是指基于当前所选工件坐标系，相对于当前位置偏移一定量，其参数说明见表5-7。选中运动命令的目标点后，单击右侧的"功能"选项，从列表中找到"Offs"，单击即可使用该函数，如图5-49所示。

a）添加参数选项　　　　　　　　　　b）设置参数名称和数据类型

图 5-48　添加参数

表 5-7　Offs 函数参数说明

参数	数据类型	说明
Point	robtarget	相对偏移的目标点
XOffset	num	工件坐标系中 X 方向的偏移
YOffset	num	工件坐标系中 Y 方向的偏移
ZOffset	num	工件坐标系中 Z 方向的偏移

2. 创建吸放工件程序

在取放工件路径中，取工件的目标点只有一个，放置点有 6 个（本任务要求放置 6 个工件），可以把 6 个目标点位置数据放到数组中统一处理；6 次取放工件路径为周期性过程，可以利用循环语句来实现。

1）新建位置数据数组。

① 单击"程序数据"，进入"程序数据"界面，单击"robtarget"数据，如图 5-50 所示。

图 5-49　使用 Offs 函数

项目5 工业机器人码垛工作站虚拟仿真

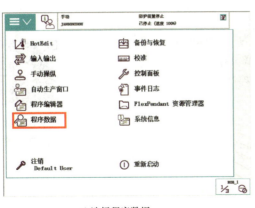 

a) 选择程序数据　　　　　　　　　　　　b) 选择"robtarget"类型

图 5-50　新建 robtarget 类型数据

② 在"robtarget"数据类型创建界面，单击"新建"，在"新数据声明"界面设置参数，如图 5-51 所示。

a) 新建数据　　　　　　　　　　　　　　b) 设置数组

图 5-51　新建 pPutWP 数组

③ 对 pPutWP 数组中的位置数据进行示教时，可以进入数组，选中位置数据，单击"修改位置"，如图 5-52 所示。

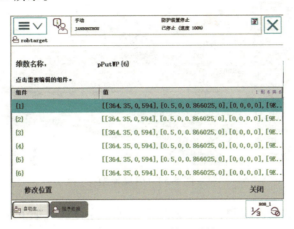

图 5-52　pPutWP 数组示教

2) 创建吸放工件程序。

① 进入"手动操纵"界面,确认工具坐标为"Xipan"。

② 进入"程序编辑器",创建例行程序"rWorkpiece"。

③ 进入例行程序"rWorkpiece",创建如下程序:

PROC rWorkpiece( )

  FOR n FROM 1 TO 6 DO !进行6次"搬运"

  MoveJ Offs(pGetWP,0,0,60),v400,z10,Xipan; !到达工件吸取点 pGet-WP 正上方 60mm 处

  WaitDI DI10_1,1; !等待输送带线性传感器检测到工件,传来信号 High(1)

  MoveL pGetWP,v50,fine,Xipan; !到达工件吸取点 pGetWP

  Set DO10_3; !吸取工件

  WaitTime 2; !等待 2s

  MoveL Offs(pGetWP,0,0,60),v50,z10,Xipan; !回到工件吸取点 pGetWP 正上方 60mm 处

  MoveAbsJ pTrans\NoEOffs,v1000,z50,Xipan; !到达"搬运"过渡点 pTrans

  MoveJ Offs(pPutWP{n},0,0,60),v400,z10,Xipan; !到达工件放置点 pPutWP{n} 正上方 60mm 处,放置点编号与 n 同

  MoveL pPutWP{n},v50,fine,Xipan; !到达工件放置点 pPutWP{n}

  Reset DO10_3; !释放工件

  WaitTime 2;

  MoveL Offs(pPutWP{n},0,0,60),v50,z10,Xipan; !回到工件放置点 pPutWP{n} 正上方 60mm 处

  MoveAbsJ pTrans\NoEOffs,v1000,z50,Xipan;

  ENDFOR

ENDPROC

创建吸放工件程序(1)

本任务中,工件垛型如图 5-53 所示,棋盘小方格边长为 42mm,棋子(工件)直径为 40mm,高为 20mm。

图 5-53 码垛垛型

④ 针对棋盘结构和工件垛型,还可采用另一种程序范式,如下所示:

PROC rPosition(num n) !带参数的例行程序

```
    TEST n        ！测试 n
      CASE 1：   ！如果 n 为 1，
        pPutWP := p10;    ！则把第一个工件的位置数据赋给位置数据变
量 pPutWP
      CASE 2：   ！如果 n 为 2，
        pPutWP := Offs(p10,42,0,0);    ！则把第一个工件的位置数据沿 X
轴正方向偏移 42mm 后，赋给变量 pPutWP
      CASE 3：
        pPutWP := Offs(p10,42 * 2,0,0);
      CASE 4：   ！如果 n 为 4
        pPutWP := Offs(p10,42 / 2,0,20);    ！则把第一个工件的位置数据沿 X 轴正方向偏
移 21mm 和沿 Z 轴正方向偏移 20mm 后，赋给变量 pPutWP
      CASE 5：
        pPutWP := Offs(p10,42 + 42 / 2,0,20);
      CASE 6：
        pPutWP := Offs(p10,42,0,20 * 2);
    ENDTEST
ENDPROC


PROC rWorkpiece( )
        FOR n FROM 1 TO 6 DO
            rPosition n;    ！调用子程序 rPosition
            MoveJ Offs(pGetWP,0,0,60),v400,z10,Xipan;
            WaitDI DI10_1,1;
            MoveL pGetWP,v50,fine,Xipan;
            Set DO10_3;
            WaitTime 2;
            MoveL Offs(pGetWP,0,0,60),v50,z10,Xipan;
            MoveAbsJ pTrans\NoEOffs,v1000,z50,Xipan;
            MoveJ Offs(pPutWP,0,0,60),v400,z10,Xipan;
            MoveL pPutWP,v50,fine,Xipan;    ！此处 pPutWP 为位置数据变量，以便于赋值
            Reset DO10_3;
            WaitTime 2;
            MoveL Offs (pPutWP, 0, 0, 60), v50, z10, Xipan;
            MoveAbsJ pTrans\NoEOffs, v1000, z50, Xipan;
        ENDFOR
ENDPROC
```

3）创建主程序。进入主程序"main"，删除之前创建的 while 语句，并创建如下程序：

```
PROC main( )
    MoveAbsJ pHome\NoEOffs,v1000,z50,Gripper;    ！回到机械原点
    rTool 0；    ！调用 rTool,抓工具
    rWorkpiece；    ！调用 rWorkpiece,完成码垛
    rTool 1；    ！调用 rTool,放工具
    MoveAbsJ pHome\NoEOffs,v1000,z50,Gripper;
ENDPROC
```

3. 目标点示教

1）将除"棋子"之外的其他工作站组件恢复"可见"。

2）示教真空吸盘工具抓取点

① 在"基本"功能选项卡下进行准备工作，如图5-54所示。

目标点示教

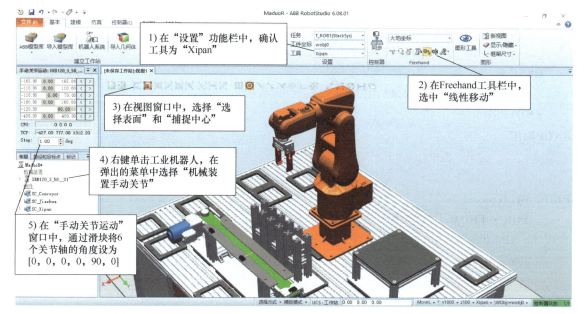

图5-54 设置初始参数

② "Xipan"工具数据的 TCP 点与真空吸盘工具吸嘴的下表面中心重合，通过"手动线性"拖动机器人工具，使"Xipan"工具数据的 TCP 点自动捕捉真空吸盘工具吸嘴的下表面中心，如图5-55、图5-56所示，找到中心位置后即可以示教真空吸盘工具抓取点。

③ 可根据需要隐藏部分组件。

3）工件的吸取点和放置点示教。工件的吸取点和放置点均为工件（棋子）的上表面中心，点位固定，可以移动"Xipan"工具进行示教。

4）过渡点示教。使用 MoveAbsJ 指令使工业机器人到达过渡点 pTrans，该点各关节轴角度为［30，0，0，0，90，0］。

4. 仿真运行

1）将工作站的所有组件恢复原位。

2）打开"仿真"，单击"播放"，观察运行情况，如图5-57所示。

3）仿真完成后，单击"重置"，使工作站复位。

项目5 工业机器人码垛工作站虚拟仿真

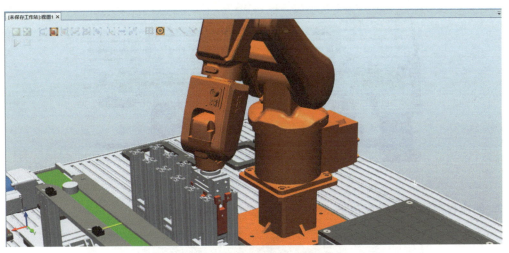

图 5-55 示教真空吸盘工具抓取点

图 5-56 TCP 点与吸盘工具吸嘴的下表面中心重合

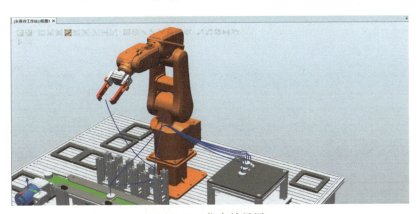

图 5-57 仿真效果图

课 后 练 习

1. 在码垛工作站中再创建一条传送带，输送木制工件，长宽高为"30mm，20mm，10mm"，如图 5-58 所示。

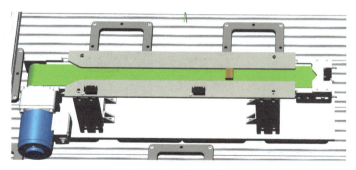

图 5-58　练习 1 图

2. 创建程序将木块码垛成图 5-59 所示垛型并录制视图文件。

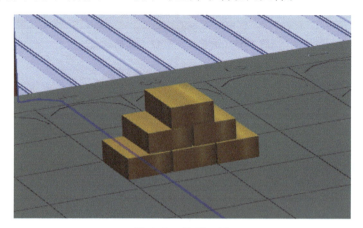

图 5-59　练习 2 图

参 考 文 献

［1］ 叶晖，等. 工业机器人工程应用虚拟仿真教程［M］. 2版. 北京：机械工业出版社，2021.
［2］ 黄金梭，周庆慧. 工业机器人虚拟仿真技术［M］. 北京：机械工业出版社，2023.
［3］ 陈鑫，桂伟，梅磊. 工业机器人工作站虚拟仿真教程［M］. 北京：机械工业出版社，2020.
［4］ 陈乾，邱永松. 工业机器人离线编程与仿真［M］. 北京：机械工业出版社，2022.
［5］ 朱洪雷，代慧. 工业机器人离线编程（ABB）［M］. 2版. 北京：高等教育出版社，2024.